WILHELM CONRAD RÖNTGEN

La luz que cambió el mundo

Eloy Calvo Pérez

WILHELM CONRAD RÖNTGEN
La luz que cambió el mundo
© Eloy Calvo Pérez
e-mail:eloycalvop@gmail.com
http://tecnicaradiologica-ecp.jimdo.com
Reservados todos los derechos a favor del autor.
Fotografía de portada: Composición del autor
Creative Commons CC0. Dominio Público
Fotografía de contraportada: Röntgen y firma.
Licencia CC BY-SA. Wikimedia Commons.
I.S.B.N.: 9798680853672
Sello: *Independently published*

Indice

Prólogo 9

Explicación 17

Primera parte. -De ciudad en ciudad 21

Lennep 23

Apeldoorn 29

Utrech 33

Zúrich 39

Estrasburgo 49

Giessen 57

Würzburg 67

Segunda parte. -Un nuevo tipo de rayos 77

Emanación 79

Röntgenstrahlen 89

Reconocimiento 101

Radioacitividad 113

Tercera parte. -Del Nobel a la postguerra 123

Nobel 125

Efimeridad 135

Manifiesto 145

Theodor 151

Anna 159

Retiro 165

Epílogo 173

Anexo I.- Cronología vida Röntgen 179

Anexo II.- *Ueber eine Art von Strahlen* 185

Anexo III.- Al mundo civilizado 195

Bibliografía 205

Libros y artículos 205

Páginas web 208

Fotografías 209

A W. C. Röentgen, a quien debo media vida.

A Esperanza, Elena, Miguel y Eva por haberme permitido compartir parte de las suyas.

A Sofía, a la que gustosamente dedicaría lo que resta de la mía.

Y a todos los que a lo largo de sus vidas se han beneficiado de la Radiación X.

PRÓLOGO

Wilhelm Conrad Röntgen fue un físico brillante, aunque silencioso, que con el descubrimiento de los rayos X revolucionó el diagnóstico médico y allanó el camino para numerosas aplicaciones de la ciencia y la tecnología modernas sin las cuales nuestro mundo actual sería inimaginable.

Le tocó vivir el último tercio del siglo XIX y las primeras décadas del XX, años estos en los que la ciencia física no solo alcanzó cotas espectaculares sino que forjó los cimientos de los enormes avances que se producirían en las décadas siguientes.

A *Röntgen* le tocó compartir época con enormes genios de la física –*Max Planck, Pierre Curie, Marie Curie, Hendrik Lorentz, Pieter Zeeman, Philipp Lenard, Joseph Thomson, Max von Laue, Niels Bohr, Albert Einstein*– y esa puede ser la razón de que algunos le consideren "simplemente" un físico inteligente pero carente de la capacidad intelectual de algunos de sus contemporáneos.

Puede que a quienes esto argumentan no les falte razón. Pero olvidan algo importante de lo que, a buen seguro, carecían muchos de los genios con los que se le compara.

Me refiero a la capacidad de relacionar conocimientos. Algo que quedó demostrado con el descubrimiento de los rayos X, cuando supo conectar sus conocimientos de fotografía con la investigación sobre los rayos catódicos.

Ese enfoque interdisciplinario que supo dar a sus investigaciones lo sitúan como un investigador moderno dotado de una mente creativa.

Aunque de manera tangencial, ya abordé la figura de *Röntgen* (o *Roentgen*) en uno de mis primeros escritos. Concretamente en aquel que hacía un recorrido por la Historia de la Radiología desde el descubrimiento de los rayos X hasta el final de la Primera Guerra Mundial.

Como todo el mundo conoce, el descubrimiento de esa forma de radiación a la que se denominó rayos X supuso un hito en la historia de la ciencia y más particularmente en la de la medicina.

Efectivamente, a partir de ese momento la ciencia médica dispuso de una nueva herramienta que abriría un mundo de posibilidades diagnósticas casi ilimitadas, como el paso del tiempo ha demostrado.

Si la humanidad ha contraído una deuda de gratitud con *Röntgen* por los grandes beneficios que su descubrimiento le ha reportado, en lo que a mí respecta el agradecimiento ha de ser doble pues, no en vano, el conjunto de mi vida laboral ha estado vinculada al mundo del Radiodiagnóstico como profesional de la Técnica Radiológica y como docente en la formación de alumnos de Imagen Diagnóstica.

En los últimos años he dedicado una parte importante de mi tiempo a divulgar las figuras de *Pierre Curie, Marie Curie, Lise Meitner, Albert Einstein* y *Blas Cabrera*, personas todas vinculadas de una u otra forma con la radiología, la radioterapia, los movimientos brownianos y el magnetismo, disciplinas y fenómenos que conforman y están presentes en ese gran universo que es el Diagnóstico por la Imagen.

Lo normal, teniendo en cuenta la trascendencia de su descubrimiento, habría sido dedicar una parte de ese tiempo a glosar la figura de *Wilhelm Conrad Röntgen*. No hacerlo, si se me permite expresarlo así, fue como empezar la casa por el tejado. Pero la realidad es que, tal vez por haberle dedicado un par de capítulos en el texto al que anteriormente hice referencia, tardé unos cuantos años en darme cuenta de ello.

Cuando me dispuse a "apuntalar los cimientos del edificio" descubrí algo que, sinceramente, nunca habría imaginado: la escasa información que, en general, existe sobre la vida del físico alemán. Hecho que se agudiza si lo que se buscan son fuentes en lengua Española.

Y no lo había imaginado porque a lo largo de mi dilatada carrera profesional –principalmente a la hora de preparar los programas docentes– he consultado multitud de textos y artículos sobre los rayos X y sus propiedades y resultaba raro encontrar uno en el que no se describiera con "pelos y señales" el momento mágico del descubrimiento o la famosa radiografía de la mano de *Anna Bertha*, la esposa de *Röntgen*.

Todo o casi todo acerca de las experiencias que culminaron en el descubrimiento de los rayos X, pero nada o casi nada sobre la vida de su descubridor.

Era como si la vida de *Röntgen*, metafóricamente hablando, hubiera comenzado la famosa noche del 8 de noviembre de 1895 y terminado una vez que recibió el Premio Nobel de Física, en 1901. Muy poco o casi nada de lo que había vivido hasta ese momento y, más o menos lo mismo, de lo que le sucedió después.

Ello, en sí mismo, entrañaba un gran problema pues realizar una biografía, por muy modesta y novelada que esta sea, necesita de los datos que la sustenten. Aquellos que dan ligazón a la historia.

Sólo cabían dos posibilidades. O abandonar la idea, algo que me irritaba profundamente, o arriesgarse e intentar tensar la "cuerda floja" en la que me encontraba.

Claro está que me decidí por la segunda de ellas pero, he de confesarlo, lo hice con cierto temor de que el resultado no fuera el que inicialmente esperé. En términos deportivos, cabría decir que "me jugaba mucho".

Entiéndase que me estoy refiriendo a mi orgullo. Había quedado moderadamente satisfecho, en unos casos, y muy satisfecho, en otros, al escribir sobre los científicos a los que anteriormente me referí y no podía permitirme fallar con aquel que dicho coloquialmente "me había dado de comer" a lo largo de toda mi vida.

En más de una ocasión hube de explicar a mis alumnos el concepto matemático de la "interpolación". Por si el lector no conoce el término o, aun habiéndolo escuchado, desconoce su significado le diré que muy gráficamente consiste en suponer una serie de datos desconocidos a partir de otros que si se conocen.

Tal vez el método de interpolación más sencillo que existe es el denominado lineal. En él, a partir de dos puntos conocidos y de una fórmula no demasiado complicada se obtiene un nuevo punto, que es el punto interpolado.

La interpolación lineal es rápida. También sencilla, pero no siempre resulta del todo precisa. Pero si los datos que no se conocen es importante obtenerlos hay que "correr el riesgo".

Pues bien, esta fue la manera que utilicé para tensar esa cuerda bamboleante en la que me encontraba. Corrí el riesgo y lo hice sabedor de que mi interpolación –los datos que iba a imaginar a partir de aquellos otros contrastados, de la vida del insigne físico alemán– podía no ser exacta. Pero, en definitiva, así son todas las historias noveladas.

"Resuelto" el problema de la escasez de datos biográficos sobre *Röntgen* sólo faltaba elegir la manera de contar unos y otros.

Me decanté por utilizar una formula que ya había utilizado con *Pierre Curie* y *Lise Meitner* y que, personalmente, creo humaniza al personaje: escribir en primera persona, es decir que fuera el propio personaje el que narrara los hechos más relevantes de su vida.

Escribir a modo de autobiografía puede resultar una labor "fácil" cuando el protagonista del relato es un personaje de ficción que puede ser moldeado a voluntad por el autor y cuyo resultado final dependerá de la maestría de este.

Pero la cosa cambia cuando la persona sobre la que se pretende escribir es un personaje real, conocido y reconocido, aunque lo sea, ante todo, por sus hechos y no tanto por su vida. En este caso, en la construcción de la historia, se debe mostrar un cuidado especial para que los elementos de ficción no alteren la esencia del personaje.

Es la forma de preservar el alma del personaje, aquello que un buen día llamó la atención del autor y con lo que este espera atrapar la atención de potenciales lectores.

Puede que no todo el mundo esté de acuerdo pero, en lo que a mí respecta, pienso que la manera de lograrlo es situar siempre los hechos documentados en el centro del relato y los elementos de ficción pivotando en torno a ellos. Planeta y satélites, cada uno de ellos sin salirse de las trayectorias de sus órbitas.

Así ocurrirá en este relato sobre el descubridor de los rayos X. Los hechos conocidos se mostrarán tal y como ocurrieron y aquellos otros que provengan de la imaginación de quien esto escribe no alterarán, en absoluto, el rigor histórico y la veracidad de lo escrito.

Esa, al menos, será mi pretensión.

Si la redacción en primera persona otorga al texto un cierto calor y ayuda a establecer una cierta complicidad con el personaje, en este caso, además, espero que facilite la interpolación a la que me refería y la haga más humana.

Con la anuencia del lector me voy a permitir la primera de las licencias de las muchas que, sin duda, habrán de salpicar las páginas de este relato. Y lo voy a hacer en el convencimiento de que *Wilhelm Conrad Röntgen*, trabajador perseverante y disciplinado, no hubiera perdido ni un solo minuto de su tiempo en una discusión banal que no aportaba absolutamente nada al avance de la física.

Él no, pero yo sí. Y no sólo un minuto. Alguno más. Porque los que atribuyen el descubrimiento de los rayos X a la casualidad creo que se equivocan.

En 1946, el profesor G. Jaramillo Madariaga escribía lo siguiente en la Revista de la Universidad Nacional de Colombia:

"Algunos han tratado de desvirtuar el descubrimiento de Roentgen atribuyéndolo a mera casualidad; pero es un hecho que la casualidad, por sí sola, no produce ciencia.

Si hemos de creer en narraciones, más o menos verosímiles, la caída de una manzana madura en un huertecillo de Inglaterra, la desviación de una veleta en el mástil de una barca del Támesis y las oscilaciones de una lámpara en la penumbra de la catedral de Pisa, jamás habrían explicado la gravitación universal, ni la aberración astronómica, ni las leyes del péndulo sin el genio de un Newton, de un Bradley, de un Galileo.

A nadie se le había ocurrido que los efectos fluorescentes y fotográficos de los rayos Lenard podían deberse a otras radiaciones distintas de estos rayos.

Fue necesario el espíritu científico, el poder de observación y la paciencia de Roentgen para descubrir el hecho y comprobarlo".

Curiosamente, en 1894, un año antes del feliz descubrimiento, en su discurso de toma de posesión como Rector de la Universidad de Würzburg, *Röntgen* pronunció las siguientes palabras, citando al profesor de Filosofía de esa misma universidad, *P. A. Kircher*:

"La Naturaleza, frecuentemente, permite la producción de milagros sorprendentes que se originan de las mas ordinarias observaciones, pero que son reconocidas solamente por aquellos imbuidos de una sagacidad e investigación perspicaz, y que consultan la experiencia, la profesora de todas las cosas".

Efectivamente, en sus investigaciones sobre los rayos catódicos, *Röntgen* no hacía sino replicar lo que otros colegas venían haciendo en aquella época o habían realizado ya en años anteriores.

Que el fenómeno que observó tuvo lugar de manera inesperada es cierto. Pero también lo es que algunos de sus coetáneos observaron el mismo fenómeno y no supieron dar una explicación plausible.

Esto es algo que sólo consiguió nuestro protagonista.

Y no sólo eso pues, una vez publicado el descubrimiento y conocido por todos, *Röntgen* continuó perseverando en sus estudios y en tan solo unos meses consiguió describir un número importante de las propiedades de esa nueva forma de radiación.

Como tendremos oportunidad de comprobar en el texto, no faltaron quienes intentaron atribuirse la autoría del descubrimiento, lógicamente en detrimento de *Röntgen*.

Quiere ello decir que también observaron el mismo fenómeno. Pero quiere decir algo más: que no supieron interpretarlo.

Ese fue el mérito de *Röntgen*.

Si el físico alemán hubiera dispuesto de ese minuto que no podía perder en asuntos fútiles podría haber respondido como un siglo después haría un famoso jugador de golf cuando, tras embocar el hoyo y salvar el par con un golpe imposible, un periodista le recordaba la suerte que había tenido:

"Sí es cierto. Cuantas más veces entreno un golpe, cuántas más veces lo intento, más suerte tengo".

Ya lo escribí en otra ocasión y cada vez que lo releo me reafirmo en ello. Los seres humanos, sin excepción, hemos contraído una deuda de enorme gratitud con todos los hombres y mujeres que a lo largo de la historia de la humanidad y "a fuerza de intentarlo" consiguieron embocar la bola en el hoyo.

EXPLICACIÓN

Cronológicamente hablando soy un anciano. Se trata de un hecho irrefutable pues hace tan sólo unos días, en esta primavera que no termina de llegar, he cumplido setenta y siete años. Y eso sin contar con esa imagen que el espejo me devuelve cada vez que cometo la torpeza de detenerme ante él unos segundos.

Pero lo malo no es ser viejo. Es más, si me apuran y habida cuenta de que no son muchos los que llegan a esta edad en la que la muerte comienza a acariciarte, podría considerarse una suerte. Por lo tanto, lo peor no es llegar a viejo. Lo que realmente duele es sentirse viejo.

Sí, porque uno puede ser viejo, con su pesada carga de años a la espalda, y sin embargo seguir pensando con ilusión en el futuro. Pero cuando uno se siente viejo sus miradas se tornan, irremediablemente, hacia el pasado.

Si alguien tuviera ocasión de leer estas líneas –confío plenamente en que tal circunstancia no llegue a producirse– pronto imaginaría por donde discurren mis razonamientos. Efectivamente, soy un anciano y además me siento viejo.

Es curioso. A partir de un momento de nuestra vida aparecen un conjunto de señales, ciertamente unas más fáciles de reconocer que otras, que nos indican que la senectud está llamando a nuestra puerta.

Pero, bien por no querer reconocer lo que se nos viene encima o porque un deterioro mayor del que aparentamos nos impide tal reconocimiento, la realidad es que el ser humano no siempre interpreta adecuadamente esas señales que, una vez que han hecho acto de presencia, lo que realmente te están susurrando es que tus deseos de continuar en este mundo están llegando a su fin.

Nada estaría más lejos de mi intención que mostrarme desagradecido. Sería injusto si así procediera pues la existencia me ha colmado de grandes alegrías y enormes satisfacciones.

Pero porque, poco a poco, me ha ido quitando aquellas que más quería y que daban sentido a mi vida es por lo que creo que esta ha llegado a su meta.

No es sólo la pérdida de la juventud que, por otro lado, hace ya muchos años que quedó atrás. En mi ánimo pesan más otros acontecimientos que, una vez producidos, han dejado una herida que no he podido o no he sabido curar.

Röntgen poco antes de su muerte

Asistí a la fundación del imperio alemán y, como tantos otros conciudadanos, contemplé su desmoronamiento y las humillaciones a las que, tras el final de la guerra, nos sometieron los vencedores. Pero, como se suele decir, las desgracias nunca vienen solas y como si el horror de una guerra no bastara para lacerar el corazón humano, una concatenación de hechos luctuosos se sucedió durante y al final de ella.

Cuando en 1915, en plena contienda, falleció mi buen amigo *Theodor Boveri* sufrí su pérdida pero también el desgarro y el dolor que esta produjo en su viuda y su hija. Con él se fueron su mala salud y sus frecuentes depresiones, pero también nuestras charlas sobre la célula y los procesos que se producen en su interior.

A finales de 1919 murió *Anna*, mi esposa, la persona con la que a lo largo de cincuenta años compartí alegrías y penas y que fue testigo de excepción de todos mis estudios e investigaciones, los cuales no podría haber llevado a cabo sin su apoyo y comprensión.

Y cuando mi alma no había terminado de encajar el golpe que había supuesto la muerte de mi esposa –en realidad, creo que nunca lo encajará– la inflación galopante que acompañó a los primeros años de la nueva República dio al traste con los ahorros familiares de toda una vida, hasta el punto de que, como tantos otros compatriotas, llegué a sentir lo que era el hambre. ¡Quién me lo iba a decir!

Mi vida actual se desarrolla, prácticamente las veinticuatro horas del día, entre las cuatro paredes de mi hogar, una pequeña casa en los Alpes bávaros –un pabellón de caza– a la que me trasladé de manera transitoria al poco tiempo de comenzar la Guerra y que convertí en morada habitual al dejar la Universidad.

Mi círculo social se ha reducido de tal manera que, aparte de mi hija *Josephine*, prácticamente la familia de mi amigo *Theodor* es el único nexo que mantengo con el mundo exterior. Un mundo que, sinceramente y sin pesar lo digo, hace ya mucho tiempo que dejó de interesarme y al que, posiblemente, tampoco yo interese demasiado.

La mayor parte de los días mi única compañía son las Sagradas Escrituras, que me proporcionan el sosiego para afrontar con serenidad la partida que no tardará ya mucho en producirse, y estas líneas que no sé muy bien porque he comenzado a escribir –nunca he sido amigo de la escritura al considerar que restaba tiempo a mi labor investigadora– y que, desde luego, si alguien llegara a leer –repito que este hecho no creo que se produzca– podría pensar que buscan despertar sentimientos de compasión o conmiseración.

Puedo asegurar que no es ese el motivo. No tendría mucho sentido y además resultaría patético pues ni la vejez ni las desgracias que me ha tocado vivir difieren esencialmente de lo que viven a diario millones de seres humanos en cualquiera de los cinco continentes.

Creo que la verdadera razón es esa necesidad, que posiblemente a todos nos asalta en algún momento y que no siempre se ve cumplida, de poner en orden por última vez las vivencias y pensamientos más importantes que han poblado nuestra existencia. En definitiva, repasar los hechos que han dado sentido a mi vida para tener la certeza –como si esto fuera posible– de que, a día de hoy, no dejo nada importante sin finalizar. Y, por qué no decirlo, paliar, siquiera mientras escribo, esa soledad que lleva tiempo acompañándome y cala lo más profundo de mi ser.

Confío además que, tras haber dejado escrito que mis documentos personales sean destruidos tras mi muerte, estas notas sigan la misma suerte que ellos.

Por tanto estas líneas sólo verían la luz si llegaran a incumplirse mis últimas voluntades, hecho que tengo el convencimiento de que no ocurrirá.

Y metódico como he sido a lo largo de toda mi vida, debería empezar por el principio. Un principio que comenzó en Lennep.

PRIMERA PARTE

DE CIUDAD EN CIUDAD

LENNEP

Efectivamente, si aceptamos que tanto lo bueno como lo malo, e incluso aquello que nos resulta difícil etiquetar moralmente, comienzan en el lugar en el que uno abre por primera vez los ojos, entonces, todo comenzó en Lennep, ciudad que en aquellos años contaba con aproximadamente seis mil almas.

En la época de mi nacimiento, según tuve oportunidad de comprobar bastantes años después, esta pequeña villa prusiana situada en Westfalia, en la región del Rin, entre Dusseldorf y Colonia, conservaba un casco antiguo de origen medieval y más de un centenar de bellos edificios barrocos que se construyeron después del pavoroso incendio que asoló la ciudad en 1746, cien años antes de que yo viniera al mundo.

Hay quien basándose en algunos hallazgos arqueológicos data la existencia de la ciudad en varios miles de años pero, sinceramente, no creo que eso tenga la más mínima importancia. Si buscaran, esos mismos hallazgos los encontrarían, a buen seguro, en multitud de lugares y, además, la antigüedad de un asentamiento no hace mejores ni valida los actos de sus moradores y sus descendientes.

Sí la tiene el hecho de que su ubicación geográfica la convirtió en una escala importante en la ruta comercial que unía Colonia con Magdeburgo hasta el punto de que, por algunos testimonios que han pervivido al paso del tiempo, se tiene la certeza de que ya en el siglo XIV la industria de la lana era importante en Lennep. Tan importante que las prendas que se confeccionaban allí eran conocidas, incluso, fuera de las fronteras del país.

Como en tantas otras ciudades, un denominador común de las diferentes épocas históricas de mi ciudad natal fueron los incendios.

Claro está que no todos tuvieron la misma virulencia.

Del que se produjo el 4 de octubre de 1746 sobrevivieron muy pocas personas y su principal consecuencia fue acabar con el próspero desarrollo que venía experimentando la ciudad desde hacía varios siglos. Hasta tal punto eso fue así que muchos comerciantes, y no pocos artesanos, hubieron de establecerse en las localidades aledañas.

Dando un salto en el tiempo, debo recordar que a finales de 1850 Lennep fue el escenario de una huelga de trabajadores textiles que duró diez días, al cabo de los cuales se produjo la vuelta de estos a los talleres sin que hubieran conseguido la mayoría de sus demandas.

La huelga de noviembre de 1850 sería la culminación de una larga tradición de disputas laborales en la industria textil y podría considerarse un ejemplo de los enfrentamientos entre propietarios y trabajadores de la tardía Primera Revolución Industrial en Alemania.

El motivo no fue únicamente el aumento de los salarios. Más bien lo era la mecanización de la producción por temor a la pérdida de sus trabajos. En un lenguaje seguramente poco académico, pero bastante claro, los huelguistas rechazaban ser esclavos de las máquinas alegando que la máquina había de ser la herramienta del trabajador y no al contrario.

Pero, como ya he dicho, poco o nada consiguieron. El desánimo, al ver que las cosas no mejoraban, la falta de fondos para seguir manteniendo el pulso a los dueños de las fábricas y talleres, y la presencia de una unidad militar con setenta soldados dio al traste con sus aspiraciones.

Si estas cuartillas cayeran en otras manos su propietario se preguntaría sobre el porqué de recordar lo que Lennep fue, incluso antes de mi nacimiento, y más concretamente todo lo referente a la industria textil.

La razón es sencilla. En este ejercicio recordatorio y de fiel compañía, hubiera resultado imperdonable no haber hecho referencia a la industria de la hilatura y los telares habiendo venido al mundo en la casa de un fabricante y comerciante de telas.

Mi padre *Friedrich Conrad Röntgen*, que así se llamaba, era un rico y respetado artesano y comerciante textil que había emparentado con una prima suya, perteneciente a una antigua familia de Lennep establecida en Ámsterdam desde hacía ya bastantes años.

Charlotte Constanze Frowein, mi madre, pertenecía también a una reputada familia de industriales con importantes inversiones en los campos de la manufactura y la navegación y si por algo destacaba, al margen de sus virtudes como esposa y madre, era por su gusto por el arte y la belleza, cualidades que, sin duda, consiguió transmitirme.

En mi caso no se puede decir que viera la luz el 27 de marzo de 1845 pues, si bien ese fue el día de mi nacimiento, el alumbramiento tuvo lugar a las cuatro de la madrugada. En todo caso, lo que fuera que vieron mis ojos no dejaba de ser un privilegio teniendo en cuenta la situación acomodada de mis procreadores.

Casa natal de Röntgen hacia 1920

En lo que a la casa respecta, mi venida al mundo tuvo lugar en un viejo y bello inmueble barroco construido en 1750, tras el incendio, que la familia de mi padre había comprado en los primeros años del siglo XIX y que, como tuve oportunidad de admirar años después, estaba decorado con hermosos muebles, cuadros y porcelanas que mi madre había traído desde Holanda al casarse con mi padre.

Mis padres no tuvieron más hijos. Desconozco la razón, pero imagino que hubo de ser una causa natural dado que tanto mi padre como mis abuelos provenían de familias de muchos niños.

Nunca tuve la sensación de una infancia solitaria por la falta de hermanos. Muy al contrario, creo haber tenido una primera infancia feliz y desde luego sin problemas económicos.

En todo caso, mis recuerdos de esos primeros años prácticamente no existen. Se formarían años después con ocasión de las distintas oportunidades que tuve de regresar a la casa familiar que, había olvidado mencionarlo, estaba situada en *Poststrasse 87*.

Casa natal de Röntgen en la actualidad

Primavera de los pueblos es el nombre con el que la historia ha acuñado la oleada revolucionaria que se inició en Francia en 1848 y se extendió, a continuación, por gran parte de Europa. En Alemania se la conoció como Revolución de Marzo, por ser este el mes en el que se inició, y su pretensión, de un marcado signo nacionalista, era conseguir un

Estado nacional que, basado en la soberanía popular y en los derechos humanos, integrase a todos los territorios alemanes.

El proceso revolucionario concluyó al final del año siguiente. Se había conseguido una Constitución para el conjunto del *Reich,* pero el objetivo prioritario se quedó en el camino dado que, en última instancia, *Federico Guillermo IV de Prusia* se negó a asumir la corona del Imperio alemán que le había sido ofrecida por el Parlamento.

En fin, perdimos la oportunidad de la "Gran Alemania" y hubimos de conformarnos con la "pequeña Alemania". Y todo por el ego del rey de Prusia quien hubiera asumido gustoso el destino de Alemania siempre que hubieran sido los príncipes alemanes los que le hubieran encomendado la tarea en lugar del Parlamento.

Durante los primeros días de marzo de 1848 los disturbios fueron de tal magnitud que el gobierno no dudó en enviar al ejército a sofocarlos. La leña avivó el fuego y se produjeron centenares de muertos. Consecuentemente, mucha gente se sintió insegura y el temor en algunos sectores sociales aumentó.

Berlín.-Revolución de marzo de1848

APELDOORN

No puedo asegurar que la razón fuera el proceso revolucionario –seguro que en alguna medida tuvo su influencia– o si el motivo habría que buscarlo en razones de índole comercial, pero mis padres se trasladaron a Holanda en mayo de 1848, cuando yo tenía tres años.

Sería por tanto en Apeldoorn, ciudad situada a unos 100 kilómetros al sureste de Ámsterdam, y rodeado de la familia de mi madre donde pasaría los primeros años de los que conservo recuerdos.

Recuerdos en holandés pues, dado que era la lengua que se hablaba en casa durante mi infancia, fue ese el primer idioma que aprendí. De hecho, pronto nos convertimos en ciudadanos holandeses, tras perder la ciudadanía prusiana una vez que dejamos Lennep.

La casa que habitamos estaba situada en *Hoofdstraat* –Calle Principal–. Se trataba de una casa grande y lujosa, decorada con verdaderas obras de arte, que habían pertenecido a la familia de mi madre y a la que veinticuatro años después regresaría para casarme.

Vista actual de la casa de la familia Röntgen en Apeldoorn

A lo largo de mi vida he asistido a muchos cambios. Uno de ellos tiene que ver con la relajación de la disciplina en el interior de las familias. Cuando yo era niño, el cabeza de familia inspiraba respeto cuando no miedo y las dosis de ternura que los hijos recibían provenían siempre de las madres. Ellas eran también las que ocultaban, a los ojos de sus maridos, las travesuras de los hijos por pequeñas que estas fueran.

No obstante, y a pesar de que mi hogar no escapaba a ese exceso de disciplina al que me estoy refiriendo, se podría decir que fui un niño "mimado" y, esto es lo llamativo, no sólo por mi madre.

Cuando mi padre estaba en casa –a veces pasaba largos periodos ausente pues viajaba mucho a causa de su profesión– siempre tenía un rato para estar conmigo y, por supuesto, cada vez que regresaba de uno de sus viajes yo esperaba con contenida ansiedad el regalo o regalos que, invariablemente, siempre me traía.

Un hecho curioso, o que al menos llamó mi atención cuando tuve edad para darme cuenta de ello, era que mis padres pertenecían a congregaciones religiosas diferentes.

Mientras que mi padre formaba parte de la Iglesia Reformada Holandesa, la corriente principal de la congregación protestante en Holanda, mi madre pertenecía a la Iglesia Protestante Valona, una escisión de la anterior que se había producido en 1815 y que utilizaba el idioma francés en sus cantos y liturgias.

Como correspondía a la educación de la época, aunque desde entonces a hoy estas convenciones sociales han evolucionado muy poco, desde mi nacimiento fui inscrito en el rito protestante al que pertenecía mi padre.

La holgura económica de mi familia permitió que tuviera una educación privilegiada. Mis primeras letras, como es costumbre denominarlas, las aprendí a caballo entre el hogar familiar y la escuela primaria de Apeldoorn para pasar a continuación a la escuela secundaria de *Martinus Herman van*

Doorn, seminternado en el que mis padres pretendían que adquiriera la formación necesaria para, una vez finalizada esta, hacerme cargo del negocio familiar.

Siempre es doloroso reconocerlo, pero la información que año tras año el director transmitía a mi padre le ensombrecía el espíritu. No debía resultarle placentero escuchar que su hijo no era especialmente brillante y que no mostraba ninguna habilidad especial.

Röntgen con sus padres (1861)

Pero con ser doloroso no dejaba de ser una verdad a medias puesto que tenía una gran facilidad para proyectar y confeccionar con mis propias manos todo tipo de artilugios mecánicos. Habilidad, por otro lado, que he mantenido a lo largo de toda mi vida.

Pero la otra mitad de la verdad era completamente cierta. La mayor parte de las lecciones me aburrían y lo que realmente alegraba mi espíritu era la sensación de libertad. Mi pasión por el campo y el amor por la naturaleza me llevaban, siempre que podía, a dar largos paseos en campo abierto y por los bosques próximos a la escuela.

Cierto es que, años después, las cosas cambiaron. Las lecciones dejaron de aburrirme y, afortunadamente, nunca perdí el contacto con la naturaleza, mi segundo "vicio".

El primero, con orgullo lo digo, siempre ha sido mi trabajo.

UTRECH

Una vez terminados mis estudios secundarios, supongo que decepcionados por mí escaso amor al estudio y por qué no decirlo con la esperanza de que pudiera dar salida a mis habilidades mecánicas, mis padres me inscribieron en la Escuela Técnica de Utrecht.

Corría el año 1862. Tenía, por tanto, 17 años y me disponía a cambiar una pequeña villa agraria del este de Holanda por una vieja ciudad situada en el centro del país, próxima a Ámsterdam, y que en aquel tiempo daba cobijo a casi sesenta mil personas.

En Utrecht vivía un viejo amigo de mi padre, perteneciente a una importante familia que en el pasado había mantenido algún tipo de relación con Apeldoorn.

Su nombre era *Jan Willem Gunning* y, en aquel tiempo, era profesor de Química y de Ciencias Médicas en la Universidad de esta importante ciudad neerlandesa, aunque más adelante se ocuparía de cuestiones más sociales como la higiene del agua y la prostitución, en aquella época, profesión muy extendida en los suburbios de la ciudad.

Pues bien, mis padres decidieron que durante mi estancia en esta ciudad habitara en casa del *Dr. Gunning*, una bonita vivienda de cuatro alturas situada en *Nieuwe Gracht* esquina con *Schalkwijkstraat*, y he de reconocer que, si bien al principio la idea no me sedujo en absoluto, con el paso del tiempo valoré la sabia decisión que mis padres habían adoptado.

Y no sólo porque el profesor *Gunning* y su esposa *Petronella Adriana* me dispensaran el mismo trato y afecto que a sus propios hijos –seis o siete, en aquel momento– sino porque el profesor fue quien alimentó mi amor por las ciencias de la naturaleza y quien me alentó a continuar con los estudios después de un incidente que protagonicé de manera involuntaria, y que bien podría haber dado al traste con la continuidad de mis estudios.

Casa de la familia Gunning en Utrecht

Profesor Jan Willem Gunning

Aunque nunca llegué a perder del todo el contacto con la familia *Gunning*, siempre he recordado de una manera especial la felicitación, fechada en Ámsterdam, que recibí en febrero de 1896, una vez que tuvieron conocimiento del descubrimiento de los rayos X.

No puedo evitar rememorar el sentimiento que me embargó en aquel momento por todo lo que debía al Profesor y por la manera tan afectuosa en que padres e hijos me acogieron durante los meses que pasé a su lado.

En la Escuela Técnica de Utrecht los alumnos se preparaban durante dos cursos –básicamente álgebra, geometría, física, química y lenguas clásicas– que una vez superados les permitía el acceso a una escuela técnica superior o la universidad.

En mi caso eso no fue posible por culpa de una sospecha que recayó sobre mí persona –perfectamente podría haber sido sobre otro compañero–, toda vez que el autor de la ofensa se escondió en el anonimato y el ofendido necesitaba un culpable –daba igual quien fuera este– para restañar de esa forma su honor.

La ofensa en cuestión fue una caricatura un tanto burlona de uno de los profesores que apareció sobre la superficie de la estufa que utilizábamos para calentar el aula y no en el encerado como muchos años después, con motivo de la recogida del Nobel de Física, escribieron algunos diarios.

Mientras admiraba, un tanto ensimismado, los hábiles trazos que mi compañero había dibujado no me percaté de la entrada del profesor en el aula y, aunque negué mi autoría de todas las formas posibles, con mi actitud le acababa de servir en bandeja un culpable.

Afortunadamente, y esto es algo que debo agradecerles, ni mis padres ni la familia *Gunning* dudaron ni un solo segundo de mi inocencia. Ni siquiera me cuestionaron la razón por la que no había dado el nombre del autor. Pero por desgracia, y a pesar de que el profesor *Gunning* intercedió por mí, eso no evitó que fuera expulsado.

A pesar de mi inocencia, la situación en la que me encontraba era preocupante. De los dos cursos que precisaba superar no logré terminar ni el primero de ellos por lo que la "puerta principal" de la universidad se acababa de cerrar para mí.

Afortunadamente, existía una "puerta trasera" e intenté atravesarla.

Para hacerlo necesitaba del esfuerzo económico de mi familia que veía como se aproximaba mi decimoctavo cumpleaños y mis estudios ni siquiera habían despegado.

No resultó fácil y para ello mi padre hubo de recurrir a pedir algunos favores. Se me realizaría un examen privado y si era capaz de demostrar los conocimientos que debería haber adquirido en la Escuela Técnica obtendría el *abitur* y podría matricularme en la universidad.

Röntgen hacia 1864

Dediqué todo 1863 y parte del año siguiente a mejorar mis pobres conocimientos de física y química y a adquirir los rudimentos tanto de griego como de latín, imprescindibles en aquella época para quien pretendiera iniciar una formación universitaria.

Sonrío para mí. Los mismos diarios a los que antes me refería publicaron que finalmente no llegué a superar el examen porque pocos días antes de efectuarlo el profesor que había de examinarme enfermó y fue sustituido, casualidades del destino, por aquel al que supuestamente había ridiculizado en una caricatura. Nada más lejos de la realidad.

La razón fue mucho más pragmática y, desde luego, bastante menos novelesca que la que apuntaron los periodistas. No superé el examen, simple y llanamente, porque no llegue a realizarlo.

Fachada principal de la Universidad de Utrecht

Yo andaba realmente preocupado por la posibilidad de no adquirir los conocimientos exigibles en latín y griego y lo que ello habría supuesto para la continuidad de mis estudios.

Afortunadamente, esta vez la suerte se convirtió en mi aliada. Por un amigo, cuya familia procedía del cantón de Berna, tuve conocimiento de que en la recientemente creada Escuela Politécnica Federal de Zúrich (*Eidgenössische Technische Hochschule Zürich*) no se exigían conocimientos de lenguas clásicas en el examen de ingreso.

Era una gran oportunidad, pero en esta ocasión el esfuerzo económico que habrían de realizar mis padres era muy grande. No se trataba de cambiar de ciudad y de convivir como pupilo en el domicilio de unos amigos de la familia sino de dar el salto a otro país.

No sé cómo habría reaccionado yo de encontrarme en su pellejo, pero lo cierto es que mis padres aceptaron de buen grado y el curso de 1865-1866, tras haber superado el examen de ingreso, quedé inscrito en la Escuela Politécnica de Zúrich, en la rama de *Maschineningenieurwissenschaften* (**Ingeniería Mecánica**). Tenía veinte años y, tras haber pasado tres de ellos en Prusia y el resto en los Países Bajos, comenzaba mi andadura en Suiza.

Cuantas veces se me ha preguntado, a lo largo de mi vida, por mi estancia en el Politécnico (*ETH*) siempre he respondido de la misma manera, resaltando que fue fundamental para mi formación.

Tan importante como lo sería, veinte años después, para un jovencísimo *Albert Einstein*, según él mismo me confirmó en alguna ocasión.

Escuela Politécnica de Zúrich (fotografía tomada por Röntgen)

ZÚRICH

Con la seguridad que me ofrecía el apoyo moral y económico de mi familia, pero con un cierto nerviosismo por la incertidumbre que siempre suscita el futuro, el 16 de noviembre de 1865 partí de Utrecht para recorrer los 800 kilómetros que la separaban de Zúrich.

Una distancia considerable para un joven de veinte años que –tras la marcha de Lennep a Apeldoorn– el viaje más largo que había realizado en su vida eran los 70 kilómetros que distaban de Apeldoorn a Utrecht.

Carl Ludwig Wilhelm Thormann, el amigo suizo por el que había tenido conocimiento de la existencia de la *ETH*, me facilitó una serie de domicilios, de moral reconocida, en los que podría alojarme.

Finalmente, tras visitar varios de ellos y negociar con sus propietarios, me decanté por alquilar una habitación en *Seilergraben 7*, una calle céntrica y relativamente próxima al lago.

La casa pertenecía a una viuda de mediana edad llamada *Barbara Grebel-Fahrner* que gracias al dinero que obtenía del arriendo de dos habitaciones podía salir adelante y, aunque sin ningún tipo de lujo, vivir con cierto desahogo.

Creo que en la elección tuvo gran influencia que muchos de los gestos de la señora *Grebel-Fahrner* me recordaban a mi madre. Eso, el precio aceptable de la habitación y que la casa distaba apenas 800 metros de la *ETH*.

Tuve la fortuna de que la habitación, orientada al este, era la más luminosa de la casa.

Una cama, un lavabo, un pequeño armario, un escritorio y una silla constituían su modesto mobiliario.

Las paredes aparecían desnudas. Un crucifijo sobre la cabecera de la cama –la familia de la señora *Grebel-Fahrner* era católica– y un jarrón con flores, que mi anfitriona cambiaba en cuanto comenzaban a marchitarse, eran sus únicos ornamentos.

Pues bien, en esa casa desayuné, dormí y cené de manera ininterrumpida desde mi llegada a Zúrich, en el otoño de 1865, hasta mi partida de la ciudad suiza en la primavera de 1870.

Zúrich en una postal de principios del siglo XX

Cambiar el carácter y las costumbres nunca resulta fácil. Hacerlo "de la noche a la mañana" es todavía más difícil y en mi caso esto se cumplió al pie de la letra.

Era introvertido y solitario pero joven. Alegre y lejos de la casa paterna contaba con todos los ingredientes para haber echado mi vida a perder. Fueron necesarios el descubrimiento del amor y los consejos y la personalidad de un gran maestro para que adquiriera el sentido de la responsabilidad que, a partir de ese momento, ya no me abandonaría nunca.

Pero para eso hubo de transcurrir aún algún tiempo.

En esos primeros meses asistía a las clases de manera regular –se lo debía a mis progenitores– pero me convertí, también, en un asiduo de tabernas y locales de ocio junto a otros compañeros del Politécnico.

No se trataba de locales disolutos en los que se realizaran actos contrarios a la moral. Eran tan sólo tabernas en las que jóvenes con ganas de entretenimiento, tras haber pasado todo el día sometidos a la férrea disciplina de sus profesores, pasaban un rato divertido.

Ya he hecho referencia a alguna que otra información errónea que se publicó al respecto de mi persona con ocasión del Premio Nobel. Pues bien, teniendo en cuenta que el amor afloró en mi corazón a principios de 1866, es buen momento para realizar un nuevo desmentido.

No sé quién pudo ser el autor de tal desvarío pero se llegó a escribir que en aquella época andaba yo enamorado, loca y apasionadamente, de una actriz del Teatro Municipal de Zúrich.

Que andaba perdidamente enamorado era cierto, pero la afortunada no era sino la mujer que unos años después se convertiría en mi esposa.

A veces, al finalizar las clases de la mañana solía comer en una posada –*Zum Grünen Glas*– a la que acudían muchos estudiantes guiados por la variedad y calidad de los platos que se servían. Pues bien, una de las camareras, que resultó ser una de las hijas del propietario, enseguida llamó mi atención y si al principio acudía al local siguiendo el rastro de la comida pronto comencé a hacerlo por un motivo más espiritual: ver a *Anna*.

En realidad, se llamaba *Anna Bertha* y, como he dicho, era hija del dueño de la taberna, *Johann Gottfried Ludwig* –quien en su época de estudiante había sido expulsado de la Universidad de Jena por su ideología revolucionaria y que además de posadero ejercía como maestro de esgrima en un local anexo a su vivienda– y sobrina del escritor y poeta *Otto Ludwig*, fallecido tan sólo unos meses antes.

Fue un amor a primera vista. No sé si los jóvenes actuales siguen utilizando esa expresión, pero lo que yo sentí la primera vez que la vi, fue como un "flechazo".

Alta, delgada y muy atractiva, *Anna* no sólo era una bella mujer. Era además encantadora y talentosa.

Conocer a *Anna* hizo que me diera cuenta de algo a lo que hasta ese momento, aun siendo consciente de ello, no le había otorgado demasiada importancia. Algo tan simple como que el tiempo pasa.

Tenía 21 años y si un día quería formar una familia –y no sólo quería, sino que deseaba que fuera con *Anna*– debía esforzarme para encauzar el futuro.

Anna Bertha Ludwig

Labrarme un porvenir pasaba por superar los cursos del Politécnico y, afortunadamente, para ello conté con el apoyo de un maestro excepcional, *August Adolf Eduard Eberhard Kundt*. Él, un brillante y joven físico –tenía sólo cinco o seis años más que yo– fue quien me introdujo en el mundo de la física y la persona que me ayudó a disipar todas las dudas e inseguridades acerca de mi futuro.

Pero si el profesor *Kundt* fue quien influyó definitivamente en mi vocación científica, con anterioridad había habido otra persona que había despertado mi interés por la física.

Ese fue el profesor *Rudolf Julius Emmanuel Clausius*, uno de los fundadores de la *ETH* y que, en aquel momento, dirigía el departamento de Física de ese centro.

Tras asistir a algunas de las clases impartidas por el profesor *Clausius* había quedado verdaderamente impresionado por algunas de sus teorías. Concretamente, cuando yo llegué a Zúrich acababa de formular el concepto de entropía y con el tiempo pasaría a la Historia de la Física como uno de los fundadores de la Termodinámica.

August Kundt   Rudolf Julius Emmanuel Clausius

El profesor *Clausius* dejó la Escuela Politécnica de Zúrich en 1867 al recibir una interesante oferta de la Universidad de Würzburg. Fue en ese momento cuando el profesor *Kundt* le sustituyó al frente del departamento.

Si *Julius Clausius* fue principalmente un físico teórico, su colega y compatriota *August Kundt* –prusianos ambos– destacó en el diseño de ingenios y artilugios para experimentación, sobre todo para la observación de los efectos producidos por las ondas luminosas y sonoras, y los campos magnéticos.

En su momento no acerté a entender que cualidades observó *August Kundt* en un estudiante que hasta ese momento no había mostrado un excesivo interés por el estudio ni destacado sobremanera. Años después llegaría a confesarme que desde el primer momento se dio cuenta de que estaba en presencia de un joven de extraordinario talento.

Seguramente exageraba, pero a quién no le gusta escuchar un halago, máxime si provenía de una de las personas a las que más he admirado y que mayor influencia han ejercido en mi carrera profesional.

Mis resultados académicos fueron mejorando año tras año, hasta el punto de que el último curso obtuve las mejores calificaciones, para orgullo propio y de mis padres. Además, el estímulo que recibí del profesor *Kundt* y la esperanza de una vida en común con *Anna Ludwig* hicieron que los tres cursos del Politécnico pasaran en un abrir y cerrar de ojos.

En el verano de 1868 recibí el diploma que me acreditaba como Ingeniero Mecánico. Si se piensa fríamente no deja de resultar irónico que una persona que si en algo destacó fue en el mundo de la física experimental sólo recibiera un curso de esta materia, concretamente el dictado por el profesor *Clausius*.

Recuerdo de nuevo una imprecisión que años después aparecería publicada en los diarios. Se dijo entonces que el mismo día de agosto en que me convertí en ingeniero pedí la mano de *Anna*. La pedí sí, pero no en ese momento sino al año siguiente.

Dediqué prácticamente un año a preparar el que sería mi primer trabajo científico. Para ello hube de matricularme en la Universidad de Zúrich.

Allí, en la Facultad de Filosofía, bajo la atenta mirada del profesor *Kundt* –quien me había convertido en su ayudante y a quien había ayudado a reorganizar el laboratorio de física experimental– el profesor *Gustav Zeuner* dirigió la que sería mi tesis doctoral. Se trató de un estudio teórico, realmente una disertación sobre las leyes de *Boyle-Mariotte* y *Gay-*

Lussac, que bajo el nombre de *Estudios sobre gases. Sobre la determinación de la proporción de los calentamientos específicos del aire* me permitió obtener el grado de doctor.

El trabajo sería publicado unos meses después y en aquellos días no me habría sido posible realizarlo si no hubiera contado con la ayuda y, sobre todo, el consejo de estos dos excepcionales profesores.

Concluidos los estudios de doctorado y bajo el paraguas laboral que me ofrecía *August Kundt* había llegado el momento de pedir la mano de *Anna*.

Pero antes debía superar un par de no pequeños escollos.

Anna Bertha Ludwig tenía seis años más que yo, algo bastante inusual en las parejas que tanto en aquel momento como en el actual pretendían contraer matrimonio, y temía por la manera en que mis padres pudieran encajar este hecho.

Que no les hizo gracia, si se me permite la expresión, es verdad, pero que lo supieron disimular educadamente, también.

Las objeciones se hicieron más patentes con el segundo de los problemas. *Anna* provenía de una familia de cuna humilde y mi padre, que como la mayor parte de las personas acaudaladas de la época tenía ambiciosos planes para su único hijo, no logró disimular la enorme decepción que le produjo la noticia de mi petición de mano.

En todo caso las objeciones se convertirían en hechos consumados unos años después, tanto el día de nuestro enlace como en los primeros años que siguieron a este.

Afortunadamente, obtener la aprobación del señor *Ludwig* no ofreció ningún problema. Tras este obligado paso, *Anna Bertha* y yo, quedamos comprometidos oficialmente aquel verano de 1869.

Los usos y costumbres han evolucionado mucho desde la época de nuestro compromiso, pero en aquella época era prácticamente imposible que una pareja que no estuviera prometida pudiera pasear por la calle sin otra compañía. E incluso después de la petición formal las cosas no cambiaban demasiado.

Afortunadamente, Zúrich era una ciudad grande y la sociedad que la habitaba bastante permisiva. De hecho, a partir de oficializar nuestra relación esta se hizo más visible. Lo que significaba que podíamos pasear solos, con la intimidad que ello nos daba, aunque eso sí durante las horas y en los lugares que la moral no cuestionaba.

De todas formas, las ocupaciones de ambos limitaban mucho nuestros encuentros. En muchos casos se limitaban a la mañana del domingo en la que tras asistir a los oficios religiosos podíamos pasear alegres por las calles del centro o por las márgenes del lago.

En 1870, el profesor *Kundt* recibió un ofrecimiento de la Cátedra de Física de la *Universidad Julius Maximilians de Würzburg* y me ofreció que lo acompañara en calidad de ayudante.

Acepté sin pensarlo mucho. Aunque sería más exacto decir que acepté tras conseguir el respaldo de *Anna* para proseguir mi carrera científica.

Siempre agradecí a *Anna* el sacrificio que hizo entonces y los que realizaría a lo largo de su vida pues durante los cuarenta y siete años que duró nuestra unión fueron muchas las veces que cambiamos de residencia. Seguramente nunca habría imaginado que tendría que viajar tantas veces con "la casa a cuestas", como vulgarmente se dice.

Mientras *Anna* permanecía en Zúrich yo partí para Alemania –aunque propiamente hablando Alemania no se formó hasta el año siguiente, 1871, una vez que se unieron todos los estados alemanes, a excepción de Austria, en torno a Prusia– acompañando a mi mentor *August Kundt* y con la esperanza de obtener, yo también, un puesto en la universidad. Me sentía realmente exultante pues regresaba a mi tierra natal.

Pero no pudo ser.

Una vez más, choqué con las exigencias de las universidades prusianas que exigían el conocimiento del latín, lengua que se utilizaba en las disertaciones académicas, aunque bien es cierto que cada vez con una menor frecuencia.

Afortunadamente, el profesor *Kundt* me otorgó la confianza que me negaban las autoridades universitarias y me mantuve a su lado como ayudante.

Durante el tiempo que permanecí en la antigua ciudad bávara estuve siempre al lado de mi profesor. En esos años colaboré en sus investigaciones acerca de las ondas sonoras que viajan a través de tubos.

En ellas utilizaba un dispositivo que había desarrollado en 1866 denominado *tubo de Kundt* y que previamente había utilizado para el estudio de las ondas estacionarias y para la determinación de la velocidad del sonido.

Fachada principal de la Universidad de Würzburg

Como otras ciudades universitarias, Würzburg era una ciudad alegre y bulliciosa pero agradable para vivir gracias a la belleza de sus calles y monumentos.

La Fortaleza de Marienberg, el Puente Viejo, la Catedral románica de San Kilian, la barroca Residencia del Obispo, algunas casas solariegas y otras tantas iglesias y edificios emblemáticos hacían que un recorrido por sus calles se convirtiera en un paseo por la historia.

Durante los dos años que, finalmente, permanecí en Würzburg –en la *Veitshoechheimer Strasse*, muy cerca del cauce del Meno– viajé dos veces a Zúrich. Fue durante el parón escolar de verano y durante esos meses estivales aproveché para dedicar a *Anna* todo el tiempo que la debía.

Nuestro amor distaba 350 kilómetros, pero lejos de marchitarse había florecido con un brío insospechado. Fue inevitable que hiciéramos planes de futuro.

Mientras tanto, el prestigio del profesor *Kundt* había ido aumentando y en esos momentos eran varias las universidades que se disputaban su presencia. Se sentía contento en la ciudad alemana pero las condiciones de su laboratorio no eran las mejores y desde luego no tanto como las de aquellos de algunas de las universidades que pujaban por su presencia.

Finalmente, *Kundt* se decantó por Estrasburgo, esa bella ciudad alsaciana al lado del Rin que tan sólo un año antes –tras finalizar la guerra franco-prusiana– había vuelto a formar parte de Alemania después de casi dos siglos formando parte de la vecina Francia y que todos los alemanes llevábamos en el corazón.

Arrastrado por mi profesor y, por qué no reconocerlo, por un cierto nacionalismo me trasladé a Estrasburgo como asistente de *August Kundt* a la recientemente fundada *Universidad Reich*.

Pero en esta ocasión no fui sólo.

ESTRASBURGO

No. En esa ocasión tuve como compañera de viaje a la mejor de las compañías posibles, mi amada *Anna Bertha* con quien había contraído matrimonio unos meses antes y que siguiendo la usanza de la época, antes de casarse, había pasado una temporada al lado de mi madre aprendiendo las labores propias de un ama de casa.

Anna Bertha Ludwig y yo nos habíamos casado en el mes de enero. Por expreso deseo de mis padres la ceremonia tuvo lugar en Apeldoorn y, de acuerdo al estatus económico de mis progenitores, fue lo que podría denominarse una boda de alto copete. Una elegante ceremonia a la que puso punto final un suculento banquete celebrado en la vieja casa de la familia. Pero, eso sí, con algunas sombras que oscurecieron el acto.

La más llamativa de ellas la ausencia de la familia de mí prometida.

Llegaría a leer años después que la familia de *Anna* no fue invitada a la ceremonia por pertenecer a una clase social inferior. Expresado en esos términos el hecho sería radicalmente falso pero la verdad es que mis padres no mostraron excesivo interés en conocer a los familiares de mi prometida y estos, sabedores del hecho, se "asieron" a la imposibilidad de cerrar la taberna durante unos días y declinaron desplazarse a Apeldoorn.

Mi esposa demostró, una vez más, que estaba por encima de las convenciones sociales y a pesar de esa sensación agridulce, *Anna Bertha*, estuvo feliz. Irradiaba alegría y puso todo de su parte para que, a pesar de todo, el día fuera especial.

Estábamos juntos y eso era lo principal.

Ya en Estrasburgo, establecimos nuestro hogar en un pequeño apartamento próximo al Parque de la Ciudadela y al lugar en el que el río Ill vertía sus aguas a uno de los ramales del Rin.

Desde luego la situación del inmueblñe era inmejorable y tenía la enorme ventaja de distar escasos quinientos metros del laboratorio y las aulas.

Vista panorámica de la ciudad de Estrasburgo

Anna Bertha Ludwig y Wilhelm Conrad Röntgen hacia 1872

Durante ese periodo nuestra vida fue muy sencilla y los ratos en que estábamos juntos, sobre todo los días en los que el sol lucía, los dedicábamos a dar enormes paseos por las riberas del río. Aunque hubiéramos querido, que no era el caso, no hubiéramos podido realizar grandes gastos pues nuestra economía no nos lo permitía.

Vivíamos con mi modestísimo sueldo de la Universidad. Mi padre, molesto por un matrimonio que en ningún momento terminó de aceptar, me había retirado la asignación económica de la que había dispuesto desde los tiempos de mi llegada a Zúrich. Pasados los años, la felicidad de su hijo y la bondad de su nuera le harían darse cuenta de su error. En fin, mejor tarde que nunca.

Vaya por delante que permanecí tres años como docente en la Universidad de Estrasburgo al lado de, ya en aquel momento, mi amigo *August Kundt*. Y fue en esa universidad donde, tras haber permanecido hasta ese momento como asistente, obtuve mi primera gran recompensa al conseguir la "habilitación" –un título académico que permitía acceder a una cátedra universitaria– y el "certificado de docencia", lo que permitió que fuera nombrado profesor en 1874. Y si bien el puesto no incluía un salario oficial permitía cobrar honorarios a los estudiantes matriculados por las clases que se les impartía.

Universidad de Estrasburgo

Por fortuna, no tuve que demostrar haber superado ningún curso de latín o griego pues, a diferencia de lo que ocurría en Würzburg, el Consejo de Profesores del Departamento de Matemáticas y Ciencias otorgaba el derecho a postularse para un puesto postdoctoral en Física Experimental tras haber permanecido al menos dos años como asistente.

No tuve que superar un examen de lenguas clásicas, pero sí responder, ante un tribunal de distinguidos profesores, a toda una serie de preguntas exhaustivas sobre distintas ramas de la ciencia.

Si bien era cierto que la relación con mis padres se había tornado algo distante a raíz de mi matrimonio también lo era que a partir del otoño de 1873 esta se volvió más amistosa. Y todo ello a partir de la visita que, en esa estación, realizaron mis padres a nuestro domicilio de Estrasburgo.

Entre 1873 y 1875 –hecho inusual a lo largo de mi carrera– publiqué cinco trabajos experimentales, alguno de ellos realizado en colaboración con el joven físico austriaco *Franz Exner*, quien en los primeros años del nuevo siglo sería nombrado Rector de la prestigiosa Universidad de Viena.

Frank-Serafín Exner en 1915

Cualquiera que hubiera analizado la secuencia de mis investigaciones habría concluido que no seguían ningún plan preestablecido y que, incluso, rozaban la anarquía.

No digo que no pudiera parecerlo, pero verdaderamente no era así. Lo cierto era que, en aquella época, a los investigadores de cualquier campo de la ciencia se nos planteaban tantas incógnitas y nuestros medios eran tan escasos que no teníamos más remedio que adaptar dichos medios a esas interrogantes.

En aquellos años, mis trabajos trataron sobre el calor específico de los gases, la conductividad térmica de los cristales y la rotación bajo la influencia de campos magnéticos del plano de polarización de la luz en los cristales.

Precisamente, este último trabajo colaborando con mi colega y amigo *August Kundt* para quien valdría la misma argumentación, dado que sus investigaciones tampoco se limitaron a un único campo.

Kundt realizó trabajos sobre las dispersiones anómalas en líquidos, gases y metales utilizando un complejo proceso electrolítico y experimentó, también, en el dominio de la magneto-óptica llegando a demostrar las rotaciones del plano de polarización de ciertos gases bajo la influencia de fuerzas magnéticas, algo que *Faraday* no había conseguido detectar.

Fuera porque nuestra situación económica había mejorado tras el nombramiento como profesor o bien por la necesidad de pasar juntos y solos una larga temporada, en el verano de 1874 viajamos de vacaciones a Suiza estableciendo una especie de rutina que a partir de 1881 repetiríamos casi todos los veranos, y algunas Navidades, hasta el comienzo de la Gran Guerra.

Permanecimos cuatro semanas en Pontresina, un pequeño pueblo alpino situado en el valle de Engadina, en el extremo oriental del cantón de los Grisones, al este de Suiza.

Tanto en esa ocasión como en las siguientes que regresamos a este valle de ensueño nos alojamos en un precioso hotel llamado *Weisses Kreuz* –Cruz Blanca–, cuyos propietarios nos hicieron sentir siempre como si estuviéramos en nuestro propio hogar.

El ambiente en Pontresina era muy agradable y a ello colaboraba no sólo la belleza del entorno sino también la compañía de varios amigos que, al igual que nosotros, se dejaban caer por el valle todos los veranos. Entre ellos, recuerdo con especial cariño a la familia del doctor *Kroenlein*, que ejercía de cirujano en Zúrich, y a las de los oftalmólogos *Ritzmann* y *Von Hippel*.

Hotel Weisses Kreuz (Cruz Blanca) en Pontresina

Pontresina 1904. De izda a dcha Anna Bertha Röntgen, Arthur von Hippel, Rudolf Krönlein y otros amigos.

Me gustaba pasear –siempre me ha ayudado a sentirme en paz conmigo mismo y en armonía con lo que me rodea– pero mi gran pasión, rodeado de tanta belleza, era fotografiar los paisajes todavía verdes en verano y nevados en invierno, pero siempre escarpados y abruptos.

En aquellos años las técnicas fotográficas evolucionaron muchísimo. Recuerdo que las primeras imágenes que conservo de valles alpinos están tomadas sobre placas de cristal, aunque la mayoría lo fueron sobre papel antes incluso de que *George Eastman*, fundador de la *Eastman Kodak Company*, fabricara y sacara al mercado los primeros carretes de película enrollable que, dicho sea de paso, no estaban ni mucho menos al alcance de todos los bolsillos.

En 1875 la *Academia de Agricultura y Selvicultura de Hohenheim*, una especie de universidad muy próxima a la ciudad de Stuttgart, tras haber participado en un concurso académico, me concedió el puesto de Profesor Ordinario de Matemáticas y Química.

Adoptar la decisión de dejar Estrasburgo no fue nada fácil. Aunque cada uno realizaba sus propias investigaciones, separarme de *August Kundt*, a quien seguía considerando mi maestro, fue doloroso. Afortunadamente, fueron precisamente sus ánimos los que finalmente me decidieron a cambiar Alsacia por Wurtemberg.

La aceptación del puesto en Hohenheim llevaba un regalo incluido pues me convertía automáticamente en ciudadano alemán. En sí mismo, el hecho era de una gran trascendencia pues con ello no sólo recuperaba una nacionalidad que siempre había sentido como propia, sino que, en el futuro, podría ayudarme a abrir la puerta de otros destinos, como finalmente terminaría ocurriendo.

Mi nuevo destino distaba tan solo un centenar y medio de kilómetros de Estrasburgo, pero de nuevo tocaba viajar y, en esta ocasión, además, hacer el traslado de muebles y enseres cuyo número había ido aumentando a la par que nuestras posibilidades económicas.

Cambiar de ciudad se había convertido en una constante en mi vida. Y así seguiría siendo.

Anna y yo permanecimos en Hohenheim aproximadamente año y medio. Durante ese tiempo estuvimos a gusto, siempre con la esperanza de ese hijo que no terminaba de llegar. Vivíamos en un minúsculo apartamento, pero estábamos juntos y la ciudad y su agradable clima nos permitía disfrutar del entorno a la menor oportunidad.

Pero –siempre hay un pero– había algo que no terminaba de satisfacerme. Mi departamento contaba con unos recursos muy limitados y aunque me encantaba el contacto con los alumnos y disfrutaba de sus progresos, tanto en matemáticas como en química, echaba de menos la práctica de la física.

Antes de mi partida de Estrasburgo el Rector me había confiado que las puertas de su universidad estarían siempre abiertas si en un futuro inmediato decidía volver. Y esa fue la puerta que nos permitió regresar a la bella ciudad alsaciana, esta vez como *Privat Dozent* de Física Teórica.

Con mi nombramiento la Universidad de Estrasburgo disponía a partir de ese momento de un segundo profesor de Física. Mi camino, siquiera temporalmente, volvía a encontrarse con el de *August Kundt* y curiosamente, y a pesar del nombre de la materia para la que había sido contratado, a partir de ese momento dediqué mucho más tiempo a la investigación, hasta el punto de que comenzó una de mis etapas más productivas desde el punto de vista experimental.

De aquella época recuerdo especialmente una investigación *Sobre un barómetro aneroide con lectura de espejo* y otra *Acerca de la rotación electromagnética del plano de polarización de la luz en los* gases, continuación esta de otra que había realizado años atrás estudiando el mismo fenómeno en los metales.

Permanecí en Estrasburgo tres años y hubiera permanecido allí muchos más si no hubiera recibido una tentadora oferta para incorporarme como Director del Departamento de Física a la Universidad de Giessen

GIESSEN

El nombre oficial de esta universidad, *Justus Liebig Universität Gießen*, hacía honor al *Barón Justus von Liebig*, un importante químico orgánico alemán fallecido unos pocos años antes de mi llegada, que había sido profesor en esa misma universidad y al que se considera el inventor de los fertilizantes artificiales.

Justus Freiherr von Liebig

Se trataba de una vieja universidad –fundada a principios del siglo XVII– que había sido remozada y contaba con unos modernos laboratorios, uno de los cuales, en caso de aceptar, estaría a mi entera disposición. Y si la oferta era realmente tentadora en el aspecto profesional no lo era menos en el económico, pues la asignación era muy superior a la del puesto que ocupaba en Estrasburgo.

No obstante, "trotamundos" como he sido a lo largo de mi vida, he de reconocer que nunca acepté un nuevo trabajo basándome exclusivamente en el salario que por el percibiría. Además, en esa época, nuestra situación económica había mejorado sensiblemente desde los tiempos de mi primer empleo como ayudante del profesor *Kundt*.

Anna y yo permanecimos en Giessen por espacio de nueve años, desde 1879 a 1888, un periodo de tiempo en verdad largo para lo que hasta ese momento había sido habitual en mí.

No siento ningún pudor al escribir que fueron años de una inmensa felicidad en los que ni el fallecimiento de mis padres ni el deseo incumplido de tener descendencia alteró en lo más mínimo nuestra cordial convivencia.

A los pocos meses de llegar nosotros mis padres se trasladaron a vivir a Giessen. Lamentablemente, mi madre llevaba bastante tiempo enferma y no dispuso de muchas oportunidades para disfrutar de una relación felizmente recompuesta. Aun así, se fue de este mundo habiendo vista restablecida completamente la relación materno-filial con su hijo y su nuera. Fallecería en 1881.

Poco tiempo después de su fallecimiento, mi padre se trasladó a vivir con nosotros. Desgraciadamente nos dejó tres años después, y al igual que mi madre, sin haber visto cumplido el sueño de conocer a un nieto.

Fue enterrado junto a mi madre en el *Alter Friedhof* (Viejo Cementerio) de Giessen, hermoso cementerio en el que, llegado el momento, me gustaría que reposaran estos débiles huesos que me sostienen.

Mi padre había sido siempre un hombre rico. Había acumulado una pequeña fortuna en vida, gracias a su negocio textil, y la mantuvo hasta el momento de su muerte.

Cuando esta se produjo heredé una importante cantidad de dinero que, quién lo iba a decir, treinta años después, por efecto de la hiperinflación que siguió a la Guerra, se esfumaría tan rápidamente como llegó.

La posesión de bienes materiales jamás guió mi vida. Mis horas se dividían entre las aulas, el laboratorio y el tiempo, siempre escaso, que dedicaba a *Anna*. Pero siendo sincero conmigo mismo debo reconocer que, aunque en los últimos años nuestra situación económica había mejorado mucho, a partir de ese momento la herencia familiar hizo que no tuviéramos necesidad de preocuparnos de ella.

Más o menos por esa época tuve el honor de dirigir la tesis del físico suizo *Ludwig Louis Albert Zehnder*.

Habíamos coincidido en el país helvético durante unas vacaciones y a partir de entonces tanto él como su esposa pasaron a formar parte de nuestras amistades.

Zehnder y Röntgen con sus esposas

Zehnder había estudiado con *Hermann von Helmholtz* en Berlín y pudo graduarse con él pero finalmente decidió hacerlo conmigo. Recibió su doctorado en 1887 y hasta mi marcha a Würzburg se convirtió en mi colaborador. Años después, tras el descubrimiento de la radiación X, realizó numerosas demostraciones en público además de desarrollar y construir sus propios aparatos.

Edificio principal de la Universidad de Giessen

A lo largo de mi vida –hasta el punto de que una vez que la "fama" llamó a mi puerta hubo quien lo destacó como una crítica feroz a mi persona– no he realizado demasiadas publicaciones. ¿Significa ello que mi trabajo investigador ha sido escaso? Desde luego, quienquiera que ello haya pensado se equivoca rotundamente.

No sé si son los términos adecuados pero la razón habría que buscarla en la apatía, indiferencia o falta de entusiasmo que siempre he mostrado ante el hecho de realizar una publicación. Y, claro está, no por la publicación en sí sino por el hecho de tener que abandonar el trabajo del laboratorio por un periodo de tiempo importante para redactarla y darle forma.

Ese tiempo que requiere cotejar las anotaciones realizadas, elaborar un primer borrador, realizar después una redacción acorde con la exigencia de una publicación académica y proceder a su exposición ante la Universidad o Sociedad Científica correspondiente. Periodos de tiempo en los que, cuando no he tenido más remedio que rendirme a ellos, me he sentido como pez fuera del agua.

Concretamente, durante los años que permanecí en la Universidad de Giessen hubo al menos cuatro ocasiones que recuerde en las que hube de permanecer por un tiempo "fuera de la pecera".

Durante esos periodos de tiempo vieron la luz por orden cronológico los siguientes trabajos: *Acerca de los sonidos que resultan de la radiación intermitente de un gas*, *Sobre la influencia de la presión sobre la viscosidad de los líquidos, especialmente el agua*, *Nuevos experimentos sobre la absorción de calor por vapor de agua* y *Acerca de la fuerza electrodinámica causada por el movimiento de un dieléctrico ubicado en un campo eléctrico homogéneo*.

Pecaría de falsa modestia si dijera no sentirme orgulloso del descubrimiento de ese tipo de radiación que di en llamar rayos X y que otros denominaron rayos *Röntgen,* pero aun dando por sentado que fue ese evento mi mayor aportación a la física hubo una investigación durante el tiempo que permanecí en Giessen por la que guardo, si ello es posible, un mayor cariño.

Concretamente, aquella a la que denominé *Acerca de la fuerza electrodinámica causada por el movimiento de un dieléctrico ubicado en un campo eléctrico homogéneo* y para la que, años más tarde, *Hendrik Lorentz* propuso la denominación de *corrientes de Röntgen*.

James Clerk Maxwell formuló en los años 70 del pasado siglo la *Teoría de la Radiación Electromagnética,* enunciado que unificaba la electricidad, el magnetismo y la luz como manifestaciones distintas de un mismo fenómeno.

Maxwell había elaborado un modelo matemático teórico y puramente intuitivo y yo intenté poner su teoría a prueba. El trabajo me llevó tres años. Diseñé y construí un aparato que me permitió detectar débiles corrientes electromagnéticas y, de esa forma, demostrar la validez de la teoría de mi colega escocés.

No sin cierto orgullo he de reconocer que, aunque no existió unanimidad en el reconocimiento del descubrimiento, años después personalidades del mundo de la Física como *Max Planck* y un jovencísimo *Albert Einstein* apoyaron mi nombramiento como Miembro Correspondiente de la *Academia Prusiana de Ciencias de Berlín* basándose en esa investigación.

A: Lorentz; B: Maxwell; C: Planck; D: Einstein

En 1887 se produjo un hecho luctuoso que vino a ensombrecer, siquiera momentáneamente, la luminosidad que inundaba nuestro hogar. Y ello porque esa luz provenía directamente del alma de *Anna*, quien en aquel momento recibió una terrible noticia: su único hermano varón, *Hans*, y su esposa acababan de fallecer trágicamente dejando una niña huérfana que, nacida en diciembre de 1881, todavía no había cumplido sus primeros seis años.

No necesitamos discutirlo. *Josephine Bertha Ludwig* se vino a vivir con nosotros, inundó de alegría y felicidad nuestro hogar y cuando cumplió veintiún años, alcanzada la mayoría de edad y una vez superados los inacabables y tediosos trámites burocráticos de adopción, se convirtió en nuestra hija. La hija que siempre habíamos anhelado tener.

Ni que decir tiene que, a partir de ese momento, la vida de *Anna* experimentó un cambio como de la noche al día.

Llevábamos quince años casados y, claro está, ya no esperábamos descendencia. Durante todos esos largos años, qué no hubiera dado *Anna* por disponer de la compañía de un hijo durante las largas horas que cada día pasaba sola. La llegada de *Josephine* fue un regalo del cielo. No sólo para mi esposa; también para mí.

En Giessen me sentía reconocido. Disponía de mi propio instituto de investigación y había realizado algunos trabajos importantes.

Eso habría sido suficiente para la mayoría, pero yo era una persona exigente –tal vez en exceso– e inquieta y me costaba aceptar que en mi universidad la Física Experimental fuera tan sólo una ciencia secundaria. Cómo entender si no que, además de cumplir con el programa de la asignatura, únicamente los alumnos más aventajados asistieran a las prácticas de laboratorio.

Y si bien es cierto que la situación fue mejorando con el paso de los años no lo es menos que cuando en 1888 dejé la Universidad de Giessen el problema aún existía y en más de una ocasión llegué a plantearme si el problema no sería yo y mi elevado nivel de exigencia.

Sí, era muy exigente, pero en contrapartida me volcaba con los alumnos hasta la extenuación.

No recuerdo exactamente las fechas. Puede que fuera a partir de 1885 cuando recibí unas cuantas ofertas de varias universidades centroeuropeas. Recuerdo los llamamientos que se me hicieron desde Jena, Friburgo y Utrecht, y muy especialmente el que me hizo el Rector de esta última Universidad.

En aquella época mi reputación como físico experimental había alcanzado un cierto nivel. Desde hacia tiempo, mantenía una activa correspondencia con algunos colegas de renombre como *Kelvin* o *Lorentz* y había publicado alrededor de cuarenta trabajos. No era, por tanto, extraño que algunas universidades quisieran incluirme en su cuadro de profesores e investigadores.

La llamada de Utrecht se produjo en 1888 e irremediablemente trajo a mi mente multitud de recuerdos y vivencias del pasado.

Cómo olvidar que si no hubiera sido expulsado de la Escuela Técnica de esa ciudad podría haber terminado siendo alumno de su universidad.

Me sentí verdaderamente orgulloso del ofrecimiento. ¡Una cátedra de física a una persona por la que nadie habría apostado ni un solo marco durante el tiempo que pasó en esa ciudad como estudiante!

Sin duda, se trataba de una oferta muy interesante pues Utrecht, gracias a su Universidad y a la Escuela Técnica, era una ciudad que destilaba ciencia. Pero la rechacé.

Y lo hice porque ese mismo año la *Julius Maximilians Universität* de Würzburg me ofreció un puesto de profesor y la Dirección de su Instituto de Física.

No podía negarme. Desde el punto de vista del orgullo personal era acceder a un puesto que años antes se me había negado. Y profesionalmente, dirigir el Instituto con sus diferentes departamentos, era una oferta que sólo un loco hubiera rechazado. No, no podía negarme y no lo hice.

Si la oferta de Utrecht había traído a mi mente recuerdos agridulces, la de Würzburg me hizo rememorar la alegría del que empieza, el excitante cosquilleo de mariposas en el estómago y la fuerza de quien ve todo lo que tiene delante como una gran oportunidad.

Y cómo no, en esos recuerdos no podía faltar *August Kundt*, mi maestro, que confió en mí desde el primer momento, orientó mi carrera profesional y me tuvo a su lado hasta que, como esas mariposas juguetonas, eché a volar en solitario.

El profesor *Kundt* fue una de las primeras personas a las que comuniqué la noticia de mi inmediata partida hacia Würzburg. Y cuál no sería mi sorpresa cuando, a vuelta de correo, me comunicó que también se trasladaría en breve, en su caso a Berlín.

Tras haber permanecido dieciséis años en Estrasburgo dejaba esa bella ciudad para dirigir el Instituto de Física de la capital alemana. Regresaba a la Universidad que en 1867, tan solo tres años después de finalizer sus estudios, le había contratado como *Privatdozent* –profesor asociado–.

Fotografía de Würzburg tomada por Röntgen

Tenía, por tanto, un doble motivo de satisfacción pues a la mía propia había de añadir la que experimenté por mi mentor quien iba a tener el enorme honor –y también la enorme responsabilidad– de sustituir en la dirección del Instituto de Física de Berlín a uno de los grandes eruditos de la ciencia alemana, el médico y físico *Hermann Ludwig Ferdinand von Helmholtz* quien a lo largo de su vida realizó contribuciones significativas en campos tan diferentes como la fisiología, la psicología, la termodinámica, la estética o la filosofía de la ciencia.

August Kundt dirigió el insigne instituto berlinés y la cátedra de Física Experimental durante cinco o seis años, hasta que una grave y prolongada enfermedad terminó con su vida.

Afortunadamente, la escritura me hace compañía pues me ayuda a combatir la soledad. Pero también acorta ese tiempo, ya breve, que inexorablemente me acerca poco a poco a los seres amados que ya no están, pero de los que conservo, aunque ciertamente cada vez más desdibujados, multitud de recuerdos.

Y el de la muerte de *August Kundt* me ha llevado al recuerdo de esas otras muertes que, una vez producidas, me dejaron en el estado de orfandad en el que ahora, viejo y cansado, me encuentro.

Siento añoranza al pensar en *Kundt*. La siento también al recordar a *Boveri* y por supuesto a *Anna*.

Sé que mi final está próximo pero que no seré yo quien lo decida sino la Providencia. Mientras ese día llega trato de mitigar el dolor que me produce el recuerdo de todos ellos trayendo a mi mente retazos de todo lo hermoso que existió entre nosotros y tuvimos oportunidad de vivir juntos.

WÜRZBURG

Volviendo al relato de mi vida, el hecho cierto es que han transcurrido treinta y cuatro años desde aquel primero de octubre en que, por enésima vez, *Anna* y yo levantamos la casa y nos dispusimos a cubrir nuestras ropas con el persistente polvo de los caminos.

Casi doscientos kilómetros con la esperanza renacida, como en las ocasiones anteriores, de que caminábamos hacia un futuro mejor para mí, por supuesto, pero también para *Anna* y la pequeña *Josephine*.

Pero esta era la primera vez que el carro de caballos albergaba tres almas en su interior.

Tenía entonces cuarenta y tres años y una buena reputación como profesor e investigador. Me dirigía al que, por las características del puesto y las perspectivas de futuro que ofrecía, podía ser mi destino definitivo.

No sería así pues aún realizaríamos un nuevo traslado doce años después, en 1900. Esa última mudanza nos acabaría llevando un poco más al sur, a Múnich. Y, efectivamente, fue la última, pero pudo no haberlo sido pues tanto antes de la Guerra como después de ella recibí varios ofrecimientos para trasladarme a Berlín.

Si *August Kundt* hubo de sustituir a *Hermann Ludwig Ferdinand von Helmholtz* en la dirección del Instituto berlinés, en mi caso el listón que debía superar estaba situado, también, a gran altura.

Mi antecesor en el cargo había sido *Friedrich Wilhelm Georg Kohlrausch* quien tras su paso por la *ETH* de Zúrich y la Universidad Tecnológica de Darmstadt recaló en Würzburg, ciudad en la que permaneció por espacio de trece años, antes de partir para Estrasburgo, en cuya Universidad sustituyó a *Kundt*. Curiosamente, en 1894 rechazó una cátedra en la *Universidad Humboldt* de Berlín, aunque terminaría impartiendo clases en dicho centro seis años después.

Friedrich W. G. Kohlrausch

Era como un círculo que se cerraba y que ofrecía una idea bastante aproximada de la importancia de la Física en cada una de las universidades alemanas. *Kundt* abandonaba Estrasburgo con destino Berlín y era sustituido por *Kohlrausch*, quien tras dejar Würzburg era sustituido por mí, tras haber dejado la Universidad de Giessen.

Instituto de Física de la Universidad de Würzburg (1892)

El *Physikalisches Institut der Universität Würzburg* estaba ubicado en un impresionante edificio de tres pisos sobre la amplia avenida *Pleicher Ring*. Circunvalado por frondosos árboles, contaba con varios laboratorios, aulas, salas de conferencias y una residencia para su director.

La estancia para el director y su familia era un amplio apartamento situado en el tercer piso del edificio. El inmueble contaba con un invernadero que con el tiempo se convertiría en el lugar de descanso preferido de mi esposa, quien acudía a él cuando el trabajo de la casa y la educación de la pequeña *Josephine* le dejaban tiempo para ello.

Mi laboratorio, aquel en el que uno años después realicé las investigaciones que condujeron al descubrimiento de la radiación X, estaba situado en el primer piso y estaba identificado como sala 119A.

Laboratorio de Röntgen en el Instituto de Física de Würzburg

119A. Al principio no entendí esa denominación, pues si bien el edificio del Instituto era grande, desde luego, no lo suficiente como para albergar tan elevado número de espacios cerrados.

Después comprendí que la cifra seguía la misma lógica que las habitaciones de los establecimientos hoteleros y que la cifra de las centenas indicaba la planta en la que el laboratorio estaba ubicado. Era, por tanto, el laboratorio 19A de la primera planta.

De mis primeros días en la ciudad bávara recuerdo especialmente el calor con el que, tanto *Anna* como yo, fuimos recibidos por el claustro de profesores y sus familias, en especial por el histólogo *Rudolf Albert Kölliker*, a quien terminaría uniéndome una grata y sincera amistad.

Gran parte de mi labor investigadora en los primeros años en Würzburg giró en torno a los efectos que ejercía la presión en las propiedades de los líquidos y sólidos y fruto de ella vieron la luz un par de publicaciones importantes: *Sobre el grosor de las capas de aceite coherentes en la superficie del agua*, en 1890, y *Acerca de la constitución del agua líquida*, dos años después.

Pero honestamente he de decir que las publicaciones de esos años tuvieron una tibia acogida por parte de mis colegas, algunos de los cuales, no sin cierta maledicencia, llegaron a acusarme de no tener creatividad. Opiniones, por otro lado, que no alteraron en ningún momento mi manera de proceder.

Siempre me he considerado un hombre amable y cortés por naturaleza, dispuesto a escuchar y ayudar a quien lo precisara. Pero es cierto; como físico tenía mis peculiaridades y el hecho de que prefiriera trabajar en solitario, sin asistentes, que construyera mis propios aparatos, algunos con cierta ingenuidad, y que no me agradaran las largas disertaciones ni las conferencias ni tampoco asistir a convenciones científicas pudo llevar a algunos a tener una idea distorsionada de mi persona y de mi trabajo.

A lo largo de mi vida, dedicar muchas horas al trabajo ha representado una constante. Y eso no cambió durante los años que permanecimos en Würzburg. Entre las clases y el laboratorio eran tantas las horas que pasaba fuera de casa que *Anna* habría muerto de soledad de no ser por *Josephine*.

Quince años atrás, el estado prusiano había fundado las primeras escuelas secundarias para mujeres. Buscar el colegio adecuado en el que nuestra ahijada recibiera la educación que precisaba, para acceder a una de ellas en el futuro, se convirtió en la primera labor de mi esposa, una vez que nos hubimos instalado en nuestro nuevo destino.

Anna se desvivía por *Josephine*. Encontró en su sobrina la hija que nunca tuvo y el cariño que le dio facilitó que, una niña alegre y despierta pero que acababa de sufrir una terrible pérdida, se adaptara perfectamente a vivir con nosotros.

Eso no quiere decir ni mucho menos que la niña no manifestara dolor. Como toda persona, adulto o niño, hubo de pasar el duelo que sigue a cualquier muerte y ello porque la de sus padres le sobrevino a una edad en la que, aun siendo muy pequeña, ya tenía capacidad para entender lo que se le venía encima.

En un primer momento, como hubiera hecho cualquier otro niño, *Josephine* reaccionó con perplejidad y confusión, pero no derramó ni una lágrima.

Pero enseguida comprendió que sus padres se habían ido para siempre y la sorpresa e incredulidad iniciales dieron paso al temor por quien cuidaría de ella.

He de pensar que la mayor parte de sus miedos desaparecieron cuando tuvo la seguridad de que sus tíos la cuidarían como si de una hija se tratara. No recuerdo que tuviera pesadillas, que mostrara miedo a la oscuridad, que se mostrara violenta con nosotros o con otros niños, ni que su rendimiento escolar fuera bajo.

Quiero creer que *Josephine* encontró el consuelo que necesitaba en su nueva familia. Una familia en la que yo siempre fui más estricto, hasta el punto de que en más de una ocasión llegué a "recriminar" la actitud demasiado complaciente de mi esposa.

Josephine Bertha Röntgen

Si para nosotros, nuestra sobrina, siempre fue como una hija, nosotros fuimos para ella sus segundos padres. Tanto *Anna* como yo intentamos que los recuerdos, cada vez más desdibujados, que *Josephine* guardaba de sus padres nunca se perdieran. Tuvo la fortuna de tener cuatro padres.

Josephine crecía y nosotros disfrutábamos viviéndolo. Cuando tenía diez años fue la primera vez que viajó con nosotros a Suiza durante las vacaciones veraniegas.

Realizamos el viaje con cierto temor pues nunca había mostrado demasiado interés por pasear junto a nosotros y, desde luego, el campo no figuraba entre sus aficiones infantiles.

Pero qué confundidos estábamos.

Disfrutó tanto de los valles alpinos y de los paseos en familia que durante los años siguientes no había mediado aún la primavera cuando ya empezaba a "organizarnos" el verano siguiente.

Y no satisfecha con ello a partir de 1894 se dedicó a planear las fiestas navideñas en Engadina. Rezumaba vitalidad, como la niña que era.

La familia Röntgen con unos amigos en Pontresina (1894)

1894 es uno de los años de los que guardo más recuerdos. Más pero no mejores pues fue el año en el que fallecieron tres colegas y amigos por los que guardaba el mayor de los respetos.

No se habían apagado los ecos de las campanadas del Año Nuevo cuando nos dejó *Heinrich Rudolf Hertz* tras haber legado a la ciencia el descubrimiento del efecto fotoeléctrico y la manera en la que las ondas electromagnéticas se producen, detectan y propagan.

Tras una penosa y larga enfermedad, durante la primavera, murió *August Kundt*. Qué podría decir que no haya dicho ya. Fue mi maestro, la persona que inclinó mi vocación y a quien debo mucho de lo que he sido. Lloré su muerte como la de un hermano.

Y unos meses antes de que finalizara el año, con el otoño a las puertas, la ciencia alemana perdería a otro de sus grandes hombres, pues pocas personas han realizado tantas aportaciones a distintas áreas del conocimiento como hiciera *Hermann Ludwig Ferdinand von Helmholtz*.

Heinrich Hertz (1893)   Hermann von Helmholtz (1894)

Lamentablemente ese año perdí tres amigos, pero la fortuna quiso que ganara al que, con el tiempo, llegaría a ser el más cercano.

Había llegado el año anterior a Würzburg para hacerse cargo de la plaza de profesor titular de Anatomía Comparada y Zoología en la Universidad. Se llamaba *Theodor Heinrich Boveri* y nuestra amistad sólo la quebró su temprana muerte.

Las clases y el trabajo en el laboratorio me ocupaban tal cantidad de horas que cuando el Claustro de Catedráticos de la Universidad de Würzburg me propuso para ocupar el sillón rectoral durante el curso 1894-1895 tuve la tentación de decir que no.

Se trataba, sin duda, de un gran honor además de una muestra de respeto y reconocimiento hacia mi persona, pero al margen de que podía suponer un freno a mi labor investigadora dudaba de mi capacidad para hacer frente a temas de carácter organizativo que tenían que ver con disciplinas que me eran ajenas cuando no desconocidas.

Aconsejado por algunos amigos, *Rudolf Kölliker* entre ellos, y con el temor de *Anna* a que nuestro ya escaso tiempo compartido se viera aún más reducido acepté el nombramiento y he de decir que no lo lamenté puesto que, al margen de los éxitos que como Rector pude acumular, mi actividad investigadora se vio menos disminuida de lo que en un principio llegué a temer.

Si bien es cierto que he conseguido algún gran éxito a lo largo de mi vida, siempre me he considerado un científico bastante limitado. Mi campo de acción siempre se ha movido entre unos márgenes muy precisos y tal vez por ello siento una especial reverencia por todos aquellos que se mueven dentro de unos límites mucho más amplios.

Rudolph Albert von Kölliker

Interesado como estoy en la historia de la ciencia, una figura que hace ya muchos años llamó mi atención fue *Athanasius Kircher*, un jesuita polígloto, erudito y de espíritu enciclopédico que en la primera mitad del siglo XVII realizó notables aportaciones en el campo de la ciencia.

Kircher investigó el vulcanismo, el magnetismo, la luz y los fenómenos asociados a ellos. Pero fue además un gran pensador y profesor de filosofía en esta antigua Universidad.

En el discurso de toma de posesión como Rector cité unas palabras suyas que, un par de años después, cualquiera hubiera considerado como premonitorias:

"Con frecuencia, la naturaleza revela los más increíbles fenómenos que se originan de las observaciones más simples, pero que solo pueden ser reconocidos por personas dotadas de sagacidad y espíritu investigador, aquellos que han aprendido a obtener información de la experiencia, maestra de todas las cosas".

Athanasius Kircher (1602-1680)

SEGUNDA PARTE

UN NUEVO TIPO DE RAYOS

EMANACIÓN

Quién podía imaginar entonces, inmerso en una investigación sobre la producción de rayos catódicos en tubos de vacío, que las palabras que pronuncié en la toma de posesión como Rector terminarían aplicándose a mí mismo.

En ese momento *Philipp Lenard* era el continuador de los trabajos que años antes habían venido realizando *Hittorf* y *Crookes*. Pues bien, a principios de 1894 llamó mi atención un artículo publicado por *Lenard* al respecto de rayos catódicos producidos por el paso de una corriente eléctrica en un tubo especialmente diseñado en el que se producía el vacío.

Con anterioridad a los trabajos de *Crookes*, *Lenard* y *Hittorf*, con tubos de vacío, lo que se conocía era que si se encerraba un gas cualquiera en un tubo de vidrio que presentara un electrodo de platino en cada uno de sus extremos y estos se conectaban a una bobina de *Ruhmkorff* lo que se observaba era que no había paso alguno de corriente

Si por uno de los laterales se conseguía succionar poco a poco el gas la corriente seguía sin pasar y así ocurría hasta que el gas desaparecía casi en su totalidad. Lo que aparecía entonces era una luz titilante que indicaba que el poco gas que permanecía en el interior del tubo era atravesado por la corriente creada con ayuda de la bobina de *Ruhmkorff*.

Curiosamente el color de la luz cambiaba dependiendo del gas que contuviera el tubo. Violeta para el aire, verde para el ácido carbónico, rojo para el hidrógeno o púrpura para el nitrógeno. Y en todos los casos se trataba de una luz fría pues si se colocaba la mano sobre el tubo se podía comprobar que no estaba caliente.

Casi treinta años antes mi colega *Johann Wilhelm Hittorf* había observado que cuando se conseguía un grado importante de vacío en el interior de la ampolla se producía una emisión radiante que, por provenir del cátodo, recibió el nombre de rayos catódicos.

Unos años después el eminente químico inglés *Sir William Crookes* realizó un sinfín de investigaciones con estos rayos. Comprobó que se trataba de corpúsculos cargados eléctricamente animados de gran velocidad y que si en su trayectoria rectilínea se interponía un imán eran desviados por su campo magnético. Y no sólo eso. Se comportaban como proyectiles que al chocar con obstáculos sólidos originaban diversos fenómenos luminosos.

A. Heinrich Ruhmkorff; B. Johann Hittorf
C. William Crookes; D. Philipp Lenard

Mi interés se centró en experimentar las modificaciones que *Lenard* había introducido en el tubo de *Crookes* y que permitían que los rayos catódicos salieran al exterior del tubo atravesando la delgada ventana de aluminio que lo cerraba.

Para ello necesitaba contar con los tubos que *Lenard* utilizaba y ante las dificultades para conseguir las hojas de aluminio adecuadas a mediados de 1895 escribí a mi colega solicitándole colaboración y la referencia del fabricante que se los suministraba.

La carta que le envié iba redactada, más o menos, en los siguientes términos:

"*Al profesor Philipp Lenard:*

Muy honorable Doctor, como desearía reproducir vuestra muy importante experiencia sobre los rayos catódicos en el vacío, he pedido un tubo que haya sido probado a la casa Müller-Unkel. Ignoro, sin embargo, cual es el constructor fiable de la lámina para la ventana, ¿podría esperar de su amabilidad que me enviase por correo una dirección del fabricante?

Respetuosamente,

Dr. W. C. Röntgen".

Mientras esperaba la respuesta del profesor *Lenard* continué mis experimentos con mi viejo tubo de *Hittorf-Crookes* que al conectarlo a la corriente proporcionaba una tenue luz violeta al mismo tiempo que dejaba escapar pequeñas chispas azuladas de los bornes de la bobina de *Ruhmkorff*.

La respuesta del profesor *Lenard* no se hizo esperar. A los pocos días recibía su amable y detallada respuesta:

"*Al profesor Dr. W. C. Röntgen, Würzburg.*

Muy honorable Profesor, la obtención de una fina lámina de aluminio siempre ha sido difícil porque a los fabricantes no les resulta cómodo obtener espesores tan poco habituales y ponen poco cuidado en su realización, de modo que estas láminas aparecen perforadas.

Yo no he encontrado hasta este momento un buen fabricante y es por ello por lo que os envío dos hojas de mi propio stock. Tienen 0, 005 mm de espesor.

He sabido recientemente que la casa Müller-Unkel suministraba tubos con ventanas de este tipo pero a los que no se les ha practicado el vacío.

Respetuosamente, P. Lenard".

Siempre puse en valor los trabajos de mi colega así como la ayuda que me prestó. Por esa razón, en aquel momento, no habría podido imaginar la campaña de desprestigio que unos pocos años después, con motivo de la concesión del Nobel, el profesor *Lenard* urdiría contra mi persona.

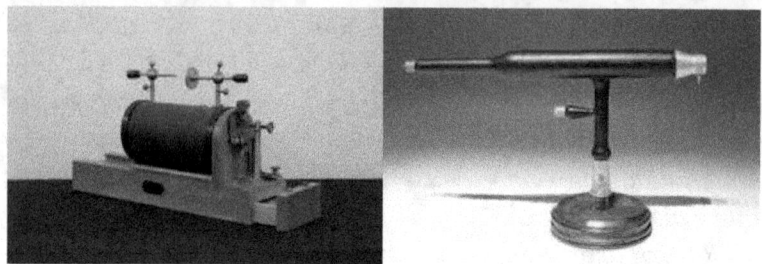

Bobina de Ruhmkorff   Réplica de un tubo de Lenard

Agradecido por su amabilidad acoplé una de las hojas, que el profesor *Lenard* me había enviado, a mi tubo de *Hittorf-Crookes* y continué con mis trabajos. Unos trabajos que, en aquel momento, ocupaban mis días y parte de mis noches.

Hasta tal punto eso fue así que, para evitar que los asuntos cotidianos interfirieran en mi trabajo, hice trasladar una cama al laboratorio y el extremo de una de sus mesas se convirtió en el lugar donde descansaban los alimentos que, en más de una ocasión, volvían a la cocina de casa sin ser siquiera probados.

Durante los más de veinte años que llevábamos juntos nunca había visto a *Anna* contrariada por mi exceso de trabajo como tampoco reproche alguno había salido de su boca. Supongo que no le resultó fácil, pero en aquellos días no pudo evitar expresarme la preocupación que sentía por mi exceso de concentración y aislamiento. Creo que, aunque no lo expresara con esas palabras, temía por mi salud.

Pero, aunque al final no todo fueran parabienes, podría decirse que el esfuerzo y la vigilia de aquellos fríos días de otoño acabaron teniendo su recompensa.

Han pasado más de veintiséis años desde aquel día y hay detalles que no recuerdo. Por la fecha y la latitud en la que nos encontrábamos, es de suponer que ese ocho de noviembre amaneciera con el cielo claro y la temperatura fría pero bien pudo haber sido de otra manera pues, imbuido en mi trabajo como me encontraba, seguro que ni siquiera eché una ojeada al exterior por alguna de las ventanas.

Llevaba varias semanas –prácticamente desde comienzos de octubre, una vez que dejé las responsabilidades como Rector– estudiando las propiedades de los rayos catódicos con ayuda del tubo de *Hittorf-Crookes*, al que había adaptado la finísima lámina de aluminio, pero la fluorescencia violeta emitida por el tubo cuando los rayos chocaban con sus paredes me impedían obtener algunas conclusiones.

Para evitar la luminosidad que se producía en las paredes de vidrio lo que hice fue revestir el tubo con un cartón al que previamente había pintado de negro.

Era muy importante tener la seguridad de que el tubo había quedado completamente recubierto. Apagué las luces del laboratorio y conecté los dos extremos del tubo al carrete de *Ruhmkorff*.

Satisfecho de cómo había quedado la envoltura del tubo me dispuse a encender las luces y fue entonces cuando observé que, inmediatamente de pasar la descarga por el tubo, en una mesa situada a cierta distancia se producía un destello blanco que cesaba al separar los bornes del tubo de la bobina. Sorprendido, conecté el tubo al carrete varias veces más y cada vez que lo hice observé el mismo fenómeno.

Cuando encendí las luces pude comprobar que la fluorescencia provenía de una lámina de cianoplatinita o platinocianuro de bario que utilizaba para detectar los rayos *Lenard*, es decir los rayos catódicos que salían por la lámina de aluminio que cerraba el tubo, y que seguramente fruto del cansancio que acumulaba esos días había olvidado guardar en un cajón.

Quise comprobar si el fenómeno se repetía al colocar la sal de bario a una distancia mayor y comprobé que a dos metros del tubo se seguía produciendo fluorescencia, si bien es cierto que de manera más tenue.

Estaba conmocionado. *Lenard* había calculado la distancia máxima alcanzada por los rayos catódicos –y yo mismo había llegado posteriormente a las mismas conclusiones– y en mis experimentos la fluorescencia se producía a una distancia mayor.

La única explicación era que el tubo de *Hittorf-Crookes* produjera algún tipo de emanación que fuera la responsable de los efectos luminosos que venía observando.

Era medianoche pasada y me sentía agotado. El sentido común me decía que tenía que tomar algún alimento y descansar, pero tenía tal estado de excitación que mi estómago se negaba a admitir bocado alguno y la cama me parecía un objeto superfluo.

Aun así, me obligué a tomar el vaso de leche que *Anna* me había bajado y a recostar la cabeza sobre una almohada que coloqué sobre una de las mesas de trabajo.

Permanecí en un duermevela algo menos de dos horas. Las ideas daban vueltas en mi cabeza y me sentía tremendamente incómodo. Finalmente, no pude esperar más y me levanté. Ni siquiera subí al apartamento a asearme.

Mis siguientes pasos, ese mismo día y en los días siguientes, consistieron en interponer diversos objetos entre el tubo y la cianoplatinita. Probé con hojas de papel, trozos de cartón, libros y trozos de madera de pino de la estufa del laboratorio. En todos los casos la fluorescencia seguía produciéndose, pero su intensidad era menor cuanto mayor era la densidad del material interpuesto.

Seguí probando con materiales de mayores densidades –un conjunto de pesas, el barril de mi escopeta, una brújula, una bobina de alambre– y finalmente comprobé que sólo el plomo y el platino eran capaces de impedir el paso de "lo que fuera que fuese" esa emanación pues, al usarlos, la luminosidad no se producía.

En esos primeros momentos hubo otro hecho que me hizo preguntarme sobre si no me estaría volviendo loco. Mientras sujetaba uno de los muchos objetos con los que probe, observé que una sombra se proyectaba sobre la lámina de cianoplatinita. No se trataba de una sombra "corriente" pues dejaba ver los huesos de mi mano, pero, sin embargo, no había el menor rastro de otros tejidos como la piel o las uñas.

Aficionado como era a la fotografía, en mi laboratorio siempre solía disponer de varias placas de vidrio sensibles a la luz. Cuando unos días después intenté realizar una fotografía me encontré que las placas estaban veladas.

Habría que comprobarlo, pero todo parecía indicar que la emulsión de las placas de vidrio era sensible a la emanación –sin duda, algún tipo de radiación– que salía del tubo de *Hittorf-Crookes*.

Durante las semanas siguientes me dediqué de lleno a obtener el mayor número de datos que me permitieran conocer la naturaleza, o siquiera las propiedades, de aquello a lo que me enfrentaba.

Si en los días previos aún hacía alguna visita al apartamento durante esas semanas comí y dormí siempre en el laboratorio. Tenía que estar seguro de la validez de mis observaciones.

Mi confinamiento llegó a tal extremo que ni siquiera comenté a *Anna* lo que creía haber descubierto. Únicamente hice un comentario al embriólogo *Theodor Boveri* y ello porque, preocupado por mi aislamiento, mi amigo se dejó caer una tarde por el laboratorio:

"He encontrado algo muy interesante, pero no estoy seguro de que mis observaciones serán correctas".

Efectivamente, como había imaginado, las películas fotográficas eran sensibles a la emanación del tubo. Lo constaté al obtener diversas fotografías trabajando con el tubo de vacío. En la primera de ellas, obtenida el 20 de noviembre, se podían apreciar las molduras de la puerta del laboratorio. Y a esta le siguieron otras de diversos objetos metálicos.

Puerta del laboratorio de Röntgen

Tras haber obtenido fotografías del interior de algunos objetos, ya no me cabía duda de que la sombra de mis huesos proyectada en la hoja de cianoplatinita no había sido fruto de mi imaginación. Restaba comprobarlo.

Necesitaba a *Anna* y por ello no tuve más remedio que prepararla. Le dije que estaba haciendo algo que haría que la gente, cuando se enterara, comentara: *"Röntgen ha perdido la cabeza".*

Aproveché su curiosidad para persuadirla de que "posara" para mí. Durante quince largos minutos mi esposa mantuvo una de sus manos sobre una placa de vidrio mientras el tubo de *Hittorf-Crookes* permanecía conectado a la bobina de *Ruhmkorff* y el resultado fue la primera radiografía –esta denominación se le daría algo después– de un ser humano, obtenida treinta y dos días después de haber obtenida la primera de un objeto inanimado.

A *Anna* le costó creer que esa mano huesuda, en la que se podían distinguir algunos metacarpianos y falanges en el interior de la sombra oscura de los tejidos blandos circundantes, era la suya y ello a pesar del anillo de casada que aparecía en el cuarto dedo.

Declaró haber sentido una mezcla de fascinación y miedo pues el haber visto parte de su esqueleto *"la hizo sentirse extrañamente cercana a la muerte"*.

Esa vaga premonición de la muerte hizo que mi esposa no quisiera participar nunca más en uno de mis experimentos, pero la difusión que alcanzó esa radiografía fue de tal magnitud que en los meses y años siguientes muchas de las pruebas efectuadas con el fin de replicar estos experimentos tuvieron a las manos como protagonistas.

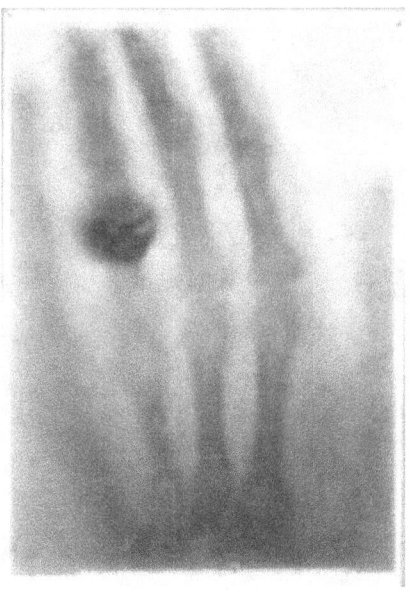

Mano de Anna Bertha Röntgen

Habían transcurrido siete semanas desde "el primer destello" y la fotografía del interior de la mano de mi esposa me hizo comprender la importancia de lo que acababa de descubrir.

Hasta ese momento mi único pensamiento había consistido en repetir y repetir las mismas experiencias hasta estar seguro de que no estaba soñando. De hecho cuando unos meses después el periodista, del *McClure Magazine*, *H. J. W. Dam* me preguntó sobre el descubrimiento le respondí más o menos en estos términos:

"Me pregunta sobre qué es lo que pensé cuando vi la pantalla fluorescente iluminada por unos rayos desconocidos. No pensé nada, simplemente seguí experimentando".

"En 1895 Röntgen descubrió en esta casa las radiaciones que llevan su nombre"

RÖNTGENSTRAHLEN

A pocos días de fin de año me puse en contacto con el Secretario de la Sociedad Físico-Médica de Würzburg para, como era habitual en estos casos, presentar mi descubrimiento en una sesión pública.

Se me indicó que, debido al receso invernal por las fiestas, el acto no podría tener lugar hasta el inicio del nuevo ciclo anual que comenzaría a finales de enero. Solicité, por ello, que el escrito que había elaborado fuera publicado con anterioridad a que la sesión pública tuviera lugar.

Con este fin, el día 28 de diciembre envié a la Sociedad una primera comunicación con el título *Ueber eine neue Art von Strahlen-Vorläufige Mittheilung* ("Sobre un nuevo tipo de Radiación-Comunicación Provisional"). Constaba de diez páginas en las que, en diecisiete puntos, recogía todo el trabajo llevado a cabo durante los cincuenta días y casi cincuenta noches transcurridos desde la tarde-noche del descubrimiento.

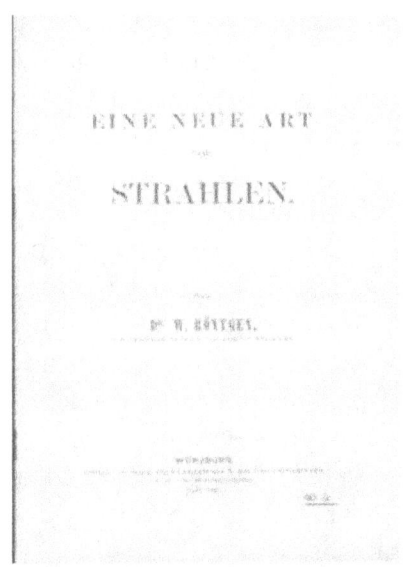

Sobre un nuevo tipo de Rayos

Finalmente, el trabajo fue publicado en las últimas páginas del volumen anual de la *Sitzungsberichte der Physikalisch-Medizinischem Gesellschaft* ("Actas de la Sociedad Física-Médica") y vio la luz la primera semana de 1896, justo cuando habían transcurrido dos meses desde el descubrimiento.

En la comunicación describía la fluorescencia que se producía en una pantalla de papel recubierta de cianoplatinita cuando a través de un tubo de *Hittorf*, un tubo de *Lenard* o una ampolla de *Crookes*, que previamente hubieran sido cubiertos con un delgado cartón negro, se pasaba la descarga de un carrete de inducción de buen tamaño.

Establecía que el foco de emisión de los nuevos rayos, a los que denominé X por desconocer su naturaleza, era el punto de la ampolla en el que incidía el haz principal de rayos catódicos y aseguraba, tras haberlo comprobado, que la propiedad de emitir rayos X, por el impacto de los rayos catódicos, no era exclusiva del vidrio pues también la presentaban otras substancias.

Explicaba, así mismo, que el "agente activo" pasaba a través de la cubierta de cartón negro, la cual resultaba opaca para los rayos visibles y ultravioletas del sol y cómo pronto descubrí que casi todos los cuerpos eran transparentes para tal agente, aunque en grado muy distinto. De hecho en mis trabajos los únicos materiales que al interponerlos entre la ampolla y la pantalla no producían el destello luminoso eran el cobre, el plomo, el oro y el platino y siempre dependiendo del espesor del metal utilizado.

Mencionaba, cómo no, el efecto fotográfico de este nuevo tipo de rayos y algunas de las características que los diferenciaban de los rayos catódicos —su mayor poder de penetración y el hecho de no ser desviados por un imán–.

En la parte final de la comunicación aventuraba que parecía existir cierto grado de afinidad entre los nuevos rayos y los rayos luminosos. Por lo menos, eso es lo que indicaba la formación de sombras, la fluorescencia y la acción química producidas por ambos.

El escrito concluía con una pregunta o más bien una conjetura. Teniendo en cuenta que desde hacía mucho tiempo se venía especulando con la idea de que existieran vibraciones longitudinales en el éter –al igual que existían vibraciones luminosas transversales en este medio– ¿no podían estos nuevos rayos ser atribuidos a este tipo de vibraciones?

Hago un pequeño descanso en la escritura y aprovecho para releer el final de aquella primera comunicación. Así es como concluía:

"*Debo confesar que en el curso de la investigación he llegado a confiar más y más en la exactitud de esta idea y, por lo tanto, me permito anunciar esta conjetura, aunque me doy cuenta perfectamente de que la explicación dada necesita todavía mayor confirmación*".

Efectivamente se trataba de una conjetura que mi colega *Max von Laue*, bastantes años después en sus investigaciones sobre difracción de rayos X, demostraría que era falsa.

Aprovechando las felicitaciones por el Año Nuevo, envié la transcripción de la comunicación y algunas de las fotografías que había obtenido a lo largo de esos dos largos meses a varios colegas amigos entre los que se encontraban *Kohlrausch, Lummer, Kelvin, Schuster, Voller, Warburg, Exner, Poincaré, Stokes, Michelson* y *Boltzmann*.

Con motivo de esos envíos recuerdo haberle comentado a *Anna*: "*Verás ahora cómo se desata el infierno*".

Pero, por fortuna, en el que se desató las temperaturas fueron mucho menos elevadas que en el de las sentencias bíblicas.

A ciencia cierta no sabría decir cuál fue la reacción de cada uno de ellos. Si tuvieron dudas en un primer momento seguro que las fotografías recibidas, y su cotejo con las experiencias que poco tiempo después todos ellos pudieron realizar, acabaron despejándoselas.

A veces las cosas no suceden como nos gustaría. Desde luego, en este caso, no debería haber ocurrido así, pero así fue como sucedió. Una serie de casualidades hizo que la noticia del descubrimiento llegará a la calle casi antes de que la comunidad científica tuviera conocimiento de ella.

El físico austriaco *Franz Exner*, amigo desde la época en que ambos habíamos colaborado con *August Kundt* en la Escuela Politécnica de Zúrich, tras recibir las fotografías no pudo evitar mostrárselas a varios colegas, entre los que se encontraba el también austriaco *Ernst Lecher*, profesor de la Universidad de Praga e hijo del editor del diario vienés *Die Presse*.

Lecher comentó el hecho con su padre y este le pidió que le hiciera un resumen para la edición del día siguiente.

Professor Ernst Lecher (1919)

Dicho y hecho. El domingo cinco de enero bajo el título "*Un descubrimiento sensacional*" y describiéndolo como algo que "*marcará una época*" y que "*en el ámbito de la física y de la medicina puede tener consecuencias muy valiosas*", la noticia apareció en el diario de la capital vienesa.

La información periodística, de manera acertada, daba mayor importancia al descubrimiento que al descubridor. Lo prueba el hecho de que mi nombre apareciera escrito erróneamente –Routgen– y que no fuera corregido, en el propio diario, hasta unos días después.

Supongo que este pequeño detalle habría molestado a otros. Desde luego no fue mi caso. Nunca he recibido con naturalidad los halagos. Más bien, siempre huí de ellos. Y, aunque también en esa ocasión lo intenté, la difusión que el hecho alcanzó me obligó a saltarme alguno de mis "principios" para no parecer desagradecido.

Extracto del Die Press del 5 de enero de 1896

Por lo que pude saber tiempo después, cuando la noticia llegó a las oficinas de *Reuters* en Viena y de *The Daily Chronicle* en Londres se difundió a medio mundo en muy pocos días. *Frankfurter Zeitung, The New York Times, The Electrical Engineer, Le Matin, La Stampa y British Medical Journal* fueron algunos de los periódicos en las que apareció publicada.

La comunicación preliminar que había presentado a la Sociedad Físico-Médica de Würzburg, aunque de manera más lenta a como la noticia apareció en los diarios, fue traducida a varios idiomas. A finales del mes de enero aparecería en la revista inglesa *Nature* y en los primeros días del mes siguiente lo haría en *L'Eclairage Electrique* de Francia y en *Science*, en los Estados Unidos

En aquellos primeros momentos hubo un hecho que llamó poderosamente mi atención. Fue el ingenio de algunos periodistas que, fruto de una imaginación desbordante, anticiparon algo que poco tiempo después se vería cumplido: la posibilidad de diagnósticos indoloros de huesos rotos y de objetos extraños en el interior del cuerpo.

Pero no todo fueron alabanzas y optimismo en torno a los nuevos rayos. En algunos casos lo que se ponía en duda era su utilidad. En otros la autoría del descubrimiento. Y hubo, incluso, quien se dedicó a ridiculizarlos. A ellos y a su descubridor.

Las controversias se produjeron también entre los médicos. Frente a los que desde un primer momento supieron ver las posibilidades que se abrían ante sus ojos estaban los que mostraban dudas de que los rayos X pudieran aportar mucho a la medicina:

"Ni los rayos X acusan una novedad tan grande como se cree, ni mucho menos representan en la Medicina una utilidad como se piensa porque no pueden abrigarse esperanzas de obtener retratos del cerebro dentro del cráneo, de los pulmones dentro del tórax y de las vísceras abdominales dentro de la pelvis.

Tales exageradas ilusiones son propias de algunos espíritus cándidos y excesivamente creyentes".

La veda estaba abierta o así debieron de considerarlo algunos. Tal fue así que, incluso, se llegaron a difundir dos finales de una misma leyenda. En el primero de ellos, el verdadero descubridor de los nuevos rayos había sido un mozo de mi laboratorio. En el segundo, bastante menos imaginativo y a pesar de que él lo hubiera desmentido en numerosas ocasiones, se aseguraba que quien había realizado el descubrimiento no había sido otro que mi ayudante *Ludwig Zehnder*.

También los diarios se sumaron al juego. En un periódico francés el afamado poeta y escritor *Jules Renard*, tras haber asistido a una demostración con rayos X, se expresaba en estos términos:

"Un entretenimiento pueril, me recuerda las experiencias de química de mi viejo profesor. Preferiría estar condenado a leer versos hasta el fin de mis días a tener que ver de nuevo este macabro baile de esqueletos".

Caricatura de Röntgen publicada en un diario alemán

Más duro y, desde luego, menos respetuoso resultaba uno de los comentarios que apareció publicado en el diario londinense *The Pall Mall Gazette*:

"Ya estamos hartos de los rayos Röntgen. Tal vez lo mejor sería, para todas las naciones civilizadas, llegar a un acuerdo y quemar todos los aparatos de rayos Röntgen, ejecutar a sus descubridores, recoger todos los equipos destinados a sus ensayos y arrojarlos al océano. Que los peces contemplen sus esqueletos; a nosotros no nos hace ninguna falta".

Afortunadamente, en contra de las burlas y chanzas que algunos diarios dedicaron a los nuevos rayos, la mayor parte de los médicos entendieron la importancia del hallazgo y no cejaron en sus ensayos hasta el punto de que, en un corto espacio de tiempo, perfeccionaron la metodología que yo había seguido para su descubrimiento.

El telegrama que recibí desde el Palacio Real de Potsdam fue, sin duda, el comienzo del reconocimiento por el hallazgo, pero también el de una fama que no había buscado y de la que habría de renegar en numerosas ocasiones pues iba a poner "patas arriba" mi sencilla y tranquila vida.

El Emperador Guillermo II me llamó a su presencia el trece de enero y allí, abrumado por el boato, y ante un público que no era el mío –la corte imperial– realicé una pequeña demostración de mis hallazgos.

Con ocasión de ese acto sería condecorado con la Orden de la Cruz Real Prusiana de Segunda Clase.

Si en Potsdam me había sentido como pez fuera del agua no ocurrió lo mismo unos días después, al presentar públicamente mi trabajo, y ello a pesar de que el simple hecho de dejar las aulas y el laboratorio me suponían un enorme esfuerzo.

La demostración pública y científica del descubrimiento tuvo lugar la noche del veintitrés de enero de 1896 en una conferencia que, a posteriori, se calificó de memorable y que tuvo lugar en la Sociedad Físico-Médica de Würzburg.

La expectación que se había producido por la divulgación de la noticia atrajo a la reunión a un gran número de científicos, estudiantes, altos funcionarios de la ciudad e incluso representantes del ejército que me recibieron con una verdadera salva de aplausos, momento en el que, bastante abrumado, comprendí la importancia que mis colegas habían dado al hallazgo.

Comencé justificando mi presencia ante tan respetable auditorio por el interés general que mi descubrimiento había despertado y dejé claro que mi trabajo era continuación de los que habían sido realizados con anterioridad por *Hertz*, *Hittorf*, *Crookes* y *Lenard*, entre otros.

Describí a continuación todo el proceso seguido y como, cada vez que producía la descarga de un tubo de Hittorf, aparecía fluorescencia al incidir los nuevos rayos sobre un papel recubierto de platinocianuro de bario.

Expliqué que *"encontré por accidente"* que los rayos penetraban el papel negro con que había recubierto el tubo, que posteriormente había utilizado otros papeles, madera y distintos metales para estudiar su poder de penetración y que, por último, había utilizado papel fotográfico obteniendo en él diversas sombras e impresiones.

Describí con todo lujo de detalles mis primeros intentos de obtener fotografías con estos rayos –a través de una puerta del laboratorio situada entre la sala en la que se encontraban la bobina de inducción y el tubo de *Hittorf* y la habitación en la que guardaba la placa fotográfica– y cómo tras revelar la placa me encontré con una líneas claras que, inicialmente, intuí que podían deberse a los distintos espesores de la puerta pero que, tras el examen posterior de esta, deduje que eran debidas a la mayor absorción de los rayos por el plomo que contenía la pintura.

Mostré a continuación varias de las fotografías que había realizado a lo largo de esos casi tres meses y dejé para el final una fotografía de una mano, consciente del interés que este hecho podía tener para muchos de los médicos presentes en la sala.

Los aplausos y las aclamaciones retornaron a la sala. Mentiría si no reconociera que en esos momentos me sentí importante. Si en algún momento había temido que mi presentación fuera rechazada por algún sector de los presentes, en esos momentos sabía que eso no iba a ocurrir.

W. C. Röntgen en 1895

Había llegado el momento de realizar una demostración pública. Pedí permiso al Presidente de la reunión, el anatomista de la Universidad de Würzburg *Rudolph Albert von Kölliker*, para fotografiar su mano y este aceptó con gusto.

Tras mostrar la imagen revelada los presentes "enloquecieron" como si fueran conscientes de que estaban asistiendo a un momento histórico. Efectivamente, lo que se había escrito no sólo era cierto, sino que habían tenido la fortuna de comprobarlo con sus propios ojos.

Supongo que muchos debieron sentir esa mezcla de fascinación y miedo que había experimentado *Anna* cuando vio los huesos de su mano sobre la placa fotográfica.

Volvieron los aplausos y tras ellos *Kölliker* tomó la palabra. El casi octogenario profesor aseguró que en sus cuarenta y ocho años como miembro de la Sociedad Físico-Médica de Würzburg nunca había asistido a una reunión en la que el tema presentado fuera de tamaña transcendencia.

Auguró que el descubrimiento sería importante para las ciencias naturales y también para la medicina y terminó su intervención jaleando mi nombre y proponiendo que los nuevos rayos, a los que debido a lo incierto de su naturaleza yo había denominado X, fueran llamados *Röntgenstrahlen* (rayos *Röntgen*) a partir de ese momento.

Röntgen durante su primera demostración pública

Kölliker me interpeló sobre si en un futuro cercano sería posible realizar fotografías de rayos X de otras partes del cuerpo humano y si la cirugía y la anatomía podrían beneficiarse de este descubrimiento.

No me dejé llevar por el entusiasmo que reinaba en la sala y respondí con cautela. Por el momento eso no era factible, porque los distintos órganos, nervios, músculos y vasos sanguíneos, expliqué, mostraban más o menos la misma densidad y ello dificultaba su diferenciación con los rayos X, los cuales sólo producían una sombra definida para los huesos.

Preguntado sobre si mis trabajos continuarían en esa dirección dejé claro que no disponía de tiempo para ello pues mi interés estaba centrado en estudiar las propiedades de los rayos y llegar, si fuera posible, a desvelar su naturaleza, pero que prestaría toda mi ayuda y experiencia para cualquier tipo de experimentos que se realizaran en instituciones médicas.

Tras la demostración pública de estos nuevos rayos se podía decir que el agua había retornado a su cauce. La comunidad científica, que debería haber tenido conocimiento de la noticia antes que el "hombre de la calle", por fin había sido informada.

Efectivamente, me sentía importante. Y no porque lo fuera sino porque mis colegas habían decidido que mi descubrimiento si lo era.

RECONOCIMIENTO

Había un verdadero interés científico por saber las posibilidades que en un futuro inmediato ofrecerían los nuevos rayos. De hecho, fueron pocos los laboratorios en los que no se intentó enseguida repetir el experimento.

En un abrir y cerrar de ojos, la posibilidad de aplicaciones prácticas atrajo al público y muy especialmente a la profesión médica. Como le comenté a un periodista sueco, unos años después con motivo de la recepción del diploma del Nobel:

"No hacía mucho que había comenzado con mis ensayos cuando observé algo nuevo.

(...) Hice pasar a través del tubo una corriente y noté una curiosa línea transversal sobre el papel de platinocianuro de bario.

(...) Era totalmente imposible que la luz proviniera de la lámpara puesto que el papel que la envolvía no dejaba pasar luz alguna, ni siquiera la de una lámpara de arco.

(...) Para mí, esto tuvo una consecuencia desafortunada. Mi laboratorio se vio inundado por médicos que traían a sus pacientes, de los que sospechaban que tenían agujas en distintas partes de sus cuerpos, y durante una semana tuve que emplear la mayor parte de tres mañanas en localizar una aguja en el pie de una bailarina de ballet".

Pero lo que nadie podía imaginar, o al menos yo no lo hice, era que en muy pocos meses los nuevos rayos se iban a convertir en parte de la cultura popular.

Sin pretenderlo y muy a mi pesar me había convertido en una celebridad. Sí, porque los rayos despertaron gran interés en todo tipo de gentes.

Si en aquel momento ese hecho llamó poderosamente mi atención hoy, al pensarlo, no me resulta tan extraño. Exponer a la vista lo que hasta ese momento había estado oculto al ojo humano era lógico que fascinara y llegara a inquietar. No era sino la misma sensación que, en los primeros momentos, yo mismo había experimentado.

La curiosidad alcanzó a todos los estratos sociales. Además de la gente común, los miembros de la realeza y la aristocracia quedaron fascinados y en cuanto tuvieron oportunidad tomaron fotografías de sus propias manos.

Sé que así ocurrió en el caso del emperador alemán Guillermo II, pero se dice que hicieron lo propio el zar Nicolás y su esposa la zarina.

Se llegó a decir, incluso, que la reina Amelia de Portugal hizo fotografiar a sus damas de honor para intentar demostrar el efecto perjudicial de los corsés que ceñían sus cuerpos.

La rápida difusión de la noticia hizo también que surgieran rumores acerca de los poderes místicos de los nuevos rayos y ello despertó la imaginación de charlatanes y hombres de negocios.

Aunque rápidamente me arrepentía de ello, he de reconocer que cegado por la ira que esos hechos me producían en más de una ocasión maldije el descubrimiento. Que tantas horas de trabajo –mío y de mis predecesores– estuvieran sirviendo de puerta de entrada a un sinfín de actividades lucrativas y engañosas no sólo me irritaba, también me hacía sentir vergüenza.

Tras varias semanas de intenso trabajo, en las que a menudo y para mi disgusto era interrumpido por visitantes curiosos, el nueve de marzo presenté la segunda comunicación sobre los nuevos rayos a la Sociedad Físico-Médica de Würzburg.

Pues bien, más o menos a la par la revista *Electrical World* publicaba un anuncio de ropa interior femenina "*a prueba de rayos X*" lo que trajo como consecuencia que algunos defensores de la moralidad pública elevaran sus protestas.

Y fue esa misma defensa de la moralidad la que llevó a los políticos de New Jersey, en EEUU, a debatir un proyecto de ley para prohibir los anteojos que se usaban en la ópera, después de que varios fabricantes hubieran promocionado la venta de prismáticos con rayos X.

Publicidad de un modelo de gafas con "efecto de rayos X"

Pero no sólo los comerciantes, también los charlatanes se aprovecharon del descubrimiento. Algunos llegaron a atribuir poderes hipnóticos a los nuevos rayos y otros, como si de alquimistas de la Edad Media se tratara, no tuvieron pudor en pregonar que si una pieza de metal era irradiada durante varias horas –concretamente tres– acababa convirtiéndose en oro.

Todo ello resultaba, verdaderamente, chabacano.

Ahora bien, el culmen de la inmoralidad llegaría en el mes de mayo cuando un empresario y prolífico inventor estadounidense llamado *Thomas Alva Edison* patrocinó un espectáculo sobre los nuevos rayos en la Exposición de Luz Eléctrica que se celebró en Nueva York.

Un desvergonzado y caradura que atentó contra mi honor cuando de forma irónica me definió como "*uno de esos científicos puros que estudian por el placer de explorar los secretos de la naturaleza y nunca ganarían ni un solo dólar por sus descubrimientos*".

Pero claro, qué se podía esperar de un individuo que sólo unos años atrás, durante la que fue conocida como guerra de las corrientes –que acabaría decantándose a favor de la corriente alterna patrocinada por *Nikola Tesla* en detrimento de la corriente continua defendida por *Edison*– llegó a pagar veinticinco centavos a cada niño que le consiguiera perros y gatos, vagabundos o robados, para posteriormente electrocutarlos usando corriente alterna y de esa cruel manera intentar transmitir al público cual sería su destino si finalmente la corriente alterna terminaba imponiéndose en la guerra que mantenía con el ingeniero serbo-croata.

En la caseta de *Edison*, por el precio de una atracción de feria, el público podía echar un vistazo al interior de su propio cuerpo utilizando un aparato, modificación de un tubo de vacío, al que denominaron fluoroscopio.

Y eso no fue sino el pistoletazo de salida. Este tipo de espectáculos se extendieron y en poco tiempo no había feria de pueblo, por pequeño que este fuera, en el que faltara una atracción de esas características.

A: Tomas Alva Edison; B: Experimentando con un Fluoroscopio

Han pasado muchos años y mis sentimientos ya no son los mismos. De hecho, casi sonrío cuando recuerdo un par de noticias que aparecieron en un diario británico a finales de 1896.

En una de ellas se indicaba que una madre había pasado a su hijo por uno de estos aparatos para averiguar si, como él aseguraba, se había tragado una moneda de tres centavos que, por lo visto, le faltaba.

La otra daba cuenta de una joven casadera cuya pretensión era que se hiciera una fotografía interior a su prometido, sin que él lo supiera, con la intención de determinar si se trataba de un hombre fuerte y sano que le garantizara una descendencia saludable.

A pesar de mi sonrisa, que el uso comercial de un hallazgo científico se convirtiera en un mero espectáculo era sencillamente lamentable. Pero desgraciadamente este tipo de demostraciones crematísticas continuaron hasta que algunos efectos perjudiciales de esos nuevos rayos, y que en esos primeros tiempos todavía no conocíamos, produjeron algunas muertes.

De hecho, en los primeros años del siglo XX, el propio *Alva Edison* tuvo que vivir la muerte de uno de sus asistentes, a causa de las quemaduras y lesiones producidas por estos rayos de naturaleza desconocida.

Y si la fluoroscopia campaba a sus anchas lo mismo cabría decir de la fotografía.

Los nuevos rayos y la fotografía fueron inseparables desde los primeros días del descubrimiento. Ciertamente, la fotografía no desempeñaba ningún papel en la generación de los rayos pero era indispensable para observar y explicar algunos de sus efectos.

Esa fue, sin duda, la razón de que los fotógrafos profesionales rápidamente adquirieran tubos de vacío y reivindicaran su uso como parte de su campo profesional.

Pero no fueron únicamente los fotógrafos.

En esos primeros meses de 1896, llegó a circular un folleto titulado *Die Photographie mit Röntgen'schen Strahlen. Mit Anleitung zum Experimentieren auch für Laien* ("La fotografía con los rayos Röntgen. Con instrucciones de experimentación para el público") que permitía a cualquiera que tuviera interés y algo de dinero experimentar con estos rayos en su propia casa.

Y esto era así porque un tubo de *Hittorf*, una bobina de inducción y unas placas de bromuro de plata se podían adquirir por unos trescientos marcos, el doble o el triple de lo que cobraba mensualmente un trabajador industrial.

Tal y como ya había anunciado la noche que realicé la demostración pública en la Sociedad Físico-Médica mis investigaciones posteriores siguieron las pautas de la ciencia física.

En aquel momento mi máximo interés, como seguramente el de muchos colegas que replicaron mis experiencias nada más tener conocimiento de ellas, era llegar a conocer a fondo las propiedades de esta nueva clase de rayos y, a ser posible, su naturaleza.

En las primeras semanas, una vez que el descubrimiento se hizo público, recibí en mi domicilio de la Universidad cerca de un millar de cartas. Entre los remitentes había personas de todo tipo y condición: gente anónima, científicos, médicos, políticos, militares, aristócratas e incluso monarcas y jefes de estado.

Con la ayuda de mi esposa las leí todas pero di respuesta a muy pocas. De no haber procedido así mi vida se habría visto todavía más alterada de lo que ya lo estaba.

Siempre había sido un celoso vigilante de mi intimidad y en esos momentos no sólo me sentía expuesto al escrutinio general sino que corría el riesgo de perder la privacidad que tanto *Anna* como yo ansiábamos.

A pesar del tiempo que la "fama" me estaba robando, dediqué el mes de febrero y los primeros días de marzo a confirmar en mis investigaciones las propiedades que ya había descrito y a conseguir la demostración de otras que me rondaban en la cabeza.

Con los resultados de esa investigación redacté una segunda comunicación que, como ya he recordado, presenté la segunda semana de marzo.

En ella me refería a la *descarga de los cuerpos electrizados por la acción de los rayos X* y afirmaba que el efecto similar de los rayos catódicos, que había sido descrito unos años antes por *Lenard*, se debía en realidad a los rayos X originados por los rayos catódicos.

Cuando justo un año después, en la primavera de 1897, publiqué la tercera y última de las comunicaciones acerca de este tipo de rayos –en las *Actas de la Real Academia de Ciencias de Berlín* con el título de *Nuevas observaciones acerca de las propiedades de los rayos X*– se podía decir que la mayor parte de sus propiedades, no así su naturaleza, estaban demostradas.

En ese momento se podía asegurar que los rayos X se formaban por acción de los rayos catódicos en el interior de una ampolla en la que se hubiera conseguido el vacío, que eran invisibles al ojo humano, que producían fluorescencia cuando incidían sobre ciertas substancias, que eran capaces de impresionar placas fotográficas, que se propagaban en línea recta y que no eran desviados por campos eléctricos o magnéticos.

Y desgraciadamente, también en esas fechas, se empezó a constatar que las personas que habían hecho un uso frecuente, abusivo o indiscriminado de este tipo de técnicas empezaban a desarrollar quemaduras y otro tipo de efectos nocivos que llegaron a producir, en algún caso, la muerte de la persona afectada.

Ya he expresado mi crítica por la utilización, fraudulenta en muchos casos, de los nuevos rayos. Pero, afortunadamente, no sólo la cultura popular se aprovechó del descubrimiento pues fueron muchos los médicos que enseguida comprendieron las posibilidades que ofrecía este nuevo tipo de radiación.

Las radiografías de manos hicieron comprender las ventajas de utilizar esta técnica para explorar el sistema óseo. La posibilidad de que un cirujano pudiera visualizar una fractura ósea con sus propios ojos facilitaba, sin duda, la corrección de las mismas.

No hubo que esperar mucho tiempo para comprobar también la importancia de estos rayos en la localización de cuerpos extraños, lo que permitía identificarlos y extirparlos sin dañar excesivamente los tejidos.

Por esa razón, a nadie debería extrañar que fuera en los campos de batalla donde la ciencia de los rayos X diera sus primeros pasos.

Si cualquier conflicto armado representa en sí mismo un fracaso de la ética y la inteligencia humana al menos siempre he sentido el orgullo de haber colaborado con mi descubrimiento a mitigar el sufrimiento de muchas de sus víctimas, pues fueron los médicos militares los primeros en obtener beneficios de su utilización.

Tuve conocimiento de que al finalizar la Primera Guerra Ítalo-etíope o Guerra de Abisinia, en la primavera de 1896, un cirujano perteneciente al Hospital Militar de Nápoles realizó de manera exitosa sendas fotografías con rayos X a dos soldados que presentaban fractura del antebrazo y el proyectil alojado en los huesos del mismo.

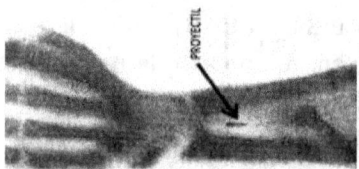

Primer uso militar de los rayos X localizando un proyectil (1896)

Proyectil alojado a la altura del codo Campaña de Tirah (1898)

Poco tiempo después los nuevos rayos serían usados en la Guerra Greco Turca, en 1897, la Guerra de Sudán, entre 1896 y 1898, la Guerra Hispano-norteamericana en 1898 y la Segunda Guerra de los Bóers en 1899.

Para entonces todos los cirujanos militares utilizaban los nuevos rayos en la localización de proyectiles incrustados, y esquirlas de metralla, y para guiar su extracción.

Los cerca de mil artículos y monografías que fueron publicadas a lo largo de 1896 daban una idea del alto interés que la comunidad científica estaba mostrando por esta nueva radiación.

Y si los médicos se dedicaron, fundamentalmente, a la exploración del sistema óseo, los físicos mostramos un interés especial por analizar la naturaleza de los rayos y buscar soluciones técnicas para resolver los problemas que ocasionaba la exposición a la radiación y que ya empezaban a ser conocidos.

Desde mis años de estudiante en Zúrich, Suiza ocupaba un espacio importante en mi corazón. Por esa razón el nombramiento como miembro honorario de la Asociación de Ex Estudiantes Politécnicos de Zúrich y de la *Schweizerische Naturforschende Gesellschaft* (Sociedad Naturalista Suiza) fueron dos de las distinciones que más ilusión me produjeron en aquellos años.

Siempre, el mejor homenaje es aquel que proviene de tus propios compañeros. Por esa razón, si hubo una dignidad que tocó directamente mi corazón esa fue el nombramiento honorario de Doctor en Medicina que me otorgaron mis colegas de la Universidad de Würzburg.

La multitud de cartas y felicitaciones recibidas habían alterado mi rutina diaria. Y enseguida ocurrió lo mismo con los homenajes que se realizaron en mi honor y las condecoraciones que recibí a lo largo de 1896 y en los años siguientes.

La Medalla *Rumford* de la *Royal Society* de Londres, el Premio *Lacaze* de la Academia de Ciencias de París, la Medalla *Elliot-Cresson* del Instituto Franklin de Filadelfia y la

Medalla *Bamard* concedida por la Universidad de Columbia, fueron las más importantes.

Agradecía sinceramente todas esas muestras de consideración, pero sentía que me sobrepasaban y mi reacción ante ese exceso de protagonismo fue aislarme. Y no sólo del público; también de mis colegas.

Es posible –estoy casi seguro de ello– que esa actitud no fuera entendida por algunos. Si así ocurrió lo lamentaría profundamente, pues nunca pretendí ser descortés, pero mi mayor necesidad era retornar cuanto antes a la vida sencilla que llevaba. Y eso fue lo que intenté.

Regresar a la soledad de mi laboratorio y a la bella rutina de mis clases. Retornar a mi hablar lento y cadencioso, con ese tono de voz tan bajo que mis estudiantes debían de aproximarse mucho a mí para no perder el hilo de mis explicaciones. Volver a recuperar esa fama de profesor abnegado y exigente, de examinador severo de la que mis alumnos, curiosamente, no hablaban con temor sino con cierto orgullo.

Medalla Rumford de la Royal Society

A mediados de 1896, recibí una oferta de *Max Levy*, ingeniero de *Allgemeine Elektricitäts-Gesellschaft* (Empresa General de Electricidad), para patentar y explotar comercialmente mi descubrimiento.

Esa no fue la única propuesta que recibí –también *Ludwig Zehnder*, mi ayudante, se mostraba partidario de ello– pero el ánimo de lucro no formaba parte de mis prioridades.

De acuerdo con la buena tradición de los profesores universitarios alemanes, era de la opinión de que los descubrimientos, así como los inventos pertenecían a la humanidad y no debían estar limitados por patentes o licencias, ni controlados por grupos económicos.

Por esa razón, mi respuesta en todos los casos fue la misma que ya había dado *Pasteur* y que unos años después repetirían *Pierre* y *Marie Curie*:

"Nuestra tarea no ha sido otra que la de encontrar lo que ya había en la naturaleza, y la realizamos más para dar expansión a nuestro espíritu que a cualquier interés material, en el que nunca tuvimos tiempo para pensar. Por otra parte, todo esto pertenece a la comunidad".

Louis Pasteur en 1880

Si de algo me he sentido orgulloso a lo largo de toda mi vida ha sido de esa decisión. El no establecer ningún tipo de patente sobre los nuevos rayos, y la manera de producirlos, permitió que su uso médico se desarrollara a la velocidad que lo hizo y que llegara a todos los rincones del mundo.

Creo honestamente que, si inicialmente su uso generalizado y hasta cierto punto descontrolado pudo poner en peligro a un mayor número de individuos, las vidas que esos rayos han salvado compensan con creces los riesgos cuya exposición ha comportado.

RADIOACTIVIDAD

Supongo que, en lo que a la Física se refiere, los últimos años del siglo XIX y los primeros de este serán recordados por los importantes descubrimientos que en ellos tuvieron lugar.

Recuerdo, como si hubiera sido ayer, que no se habían apagado los ecos de mi descubrimiento –apenas habían transcurrido unos meses– cuando tuvo lugar otro acontecimiento que, si bien en un primer momento no levantó la misma polvareda que mi hallazgo, unos años después sería considerado como uno de los grandes descubrimientos de la historia de la Física. Me estoy refiriendo a la radiación emitida espontáneamente por ciertas sales de uranio.

El físico francés *Antoine-Henri Becquerel* había estado presente en la Academia de Ciencias de París en el acto celebrado a finales de enero de 1896 en el cual *Henri Poincaré* presentó mi hallazgo ante los académicos franceses.

Según él mismo relató, *Poincaré* le sugirió que estudiara la relación existente entre los nuevos rayos y la fluorescencia que acompañaba a su emisión.

En su laboratorio, mi colega francés colocó cristales de sales de uranio sobre una placa fotográfica protegida por cartón negro y expuso el conjunto a la luz del sol. Como quiera que la película se velara dedujo que la sal de uranio, excitada por el sol, emitía rayos X.

Por lo que parece, unos días después, al ir a repetir la experiencia, cuando tenía todo preparado el cielo se nubló. Guardó las sales de plata y las placas fotográficas con su envoltura negra en un cajón y decidió dejar la investigación para otro día.

Cuando unos días después, por seguridad, procedió a revelar las placas le sorprendió que estuvieran veladas, a pesar de haberlas mantenido en completa oscuridad.

Como era lógico, *Becquerel*, se aseguró de que el fenómeno observado no era fruto de una irradiación anterior y que persistía cuando el compuesto de uranio permanecía durante un largo periodo de tiempo en completa oscuridad. Comprobó también que, como ocurría con los rayos X, estos nuevos rayos convertían en conductor el aire ambiente.

Becquerel concluyó que la veladura de las placas fotográficas debía de haber sido originada por algún tipo de radiación que las sales de uranio emitían de manera espontánea.

A esta radiación, sin duda un descubrimiento excepcional, *Becquerel* la denominó rayos uránicos. Sería unos años después, a raíz de las investigaciones llevadas a cabo por el matrimonio *Curie*, cuando se la empezara a conocer con el nombre de radioactividad.

Henri Becquerel en 1903

Me pregunto, mientras esto escribo, cuántas veces a lo largo de la historia los científicos nos habremos encontrado delante de fenómenos a los que no hemos sabido dar una explicación plausible. Fenómenos que muchas veces, como en esta ocasión e igual que me ocurrió a mí, se presentaron sin ser buscados.

Me entristecería pensar que hubiéramos pasado por alto algún descubrimiento que hubiera reportado un gran bien para la humanidad. Aunque, el consuelo cabría encontrarlo en esas otras ocasiones en las que hemos realizado un gran hallazgo sin ser eso lo que estábamos buscando.

No entendí en su momento, y mucho menos cuando el paso del tiempo me hizo comprender la importancia del descubrimiento de *Becquerel*, que los rayos uránicos no tuvieran un eco mayor en la comunidad científica.

Han pasado veinticinco años desde aquellos hechos y mis recuerdos pueden verse alterados por la nebulosa del tiempo pero estoy en disposición de asegurar de que si, en aquel momento, no hubiera estado imbuido en mis investigaciones sobre las propiedades y naturaleza de la radiación X me habría lanzado de cabeza a investigar ese nuevo fenómeno.

Era un filón por explotar y, afortunadamente para la ciencia, eso lo entendió muy bien el matrimonio formado por el físico francés *Pierre Curie* y su esposa, la física de origen polaco, *Marie Curie*.

Inmerso, *Pierre Curie*, en una investigación sobre las propiedades de la estructura cristalina, fue su esposa *Marie* la que llevó el peso de las investigaciones.

El punto de partida de la señora *Curie* fue preguntarse si existirían otros elementos que, como el uranio, poseyeran la facultad de emitir el mismo tipo de radiación.

Experimentó con un número importante de metales, sales, óxidos y minerales y no sólo encontró que algunos elementos como el niobio, el cerio y el tantalio emitían una radiación análoga a la emitida por el uranio sino que algunos compuestos, como el óxido de torio, emitían más radiación que el uranio metálico.

Ese fue el momento en el que la señora *Curie* propuso el nombre de radioactividad para este nuevo tipo de emisión de energía. Parecía lógico sustituir la primitiva denominación puesto que los "rayos uránicos" eran emitidos también por sustancias distintas al uranio.

Pierre y Marie Curie en 1903

En una de sus múltiples experiencias con minerales, *Marie Curie* comprobó que algunos de los que contenían uranio –concretamente la pechblenda y la chalcolita– emitían entre dos y cuatro veces más radiación que el uranio puro.

Esos minerales debían contener, aunque fuera en cantidades ínfimas, alguna sustancia más radioactiva que el uranio y el torio. Así lo entendió *Marie Curie* y teniendo en cuenta que mi colega había examinado todos los elementos conocidos, sólo había una hipótesis posible: debía tratarse de un elemento nuevo.

No me cuesta imaginar cómo debió de sentirse la señora *Curie* en ese momento puesto que yo lo había experimentado un par de años antes.

A partir de ese momento, y con la ayuda de su marido, *Marie Curie* realizó un duro trabajo en el que, tras triturar varias toneladas de pechblenda y someterlas a distintos procesos químicos para analizar las fracciones resultantes, terminó aislando no uno sino dos nuevos elementos químicos a los que denominaron polonio –en honor a su país natal– y radio –por la gran cantidad de radiación que emitía–.

Siempre admiré la unión y cooperación profesional que mantuvo el matrimonio francés y lamenté profundamente la muerte de *Pierre Curie*. Consternado por la forma absurda en que esta se había producido, nada más tener conocimiento del fatal desenlace escribí a su esposa unas sentidas palabras de pésame y aliento.

Poco tiempo después supe, por amigos comunes, del estado de desamparo en el que quedó sumida su esposa *Marie* y mientras esto escribo no puedo evitar hacer comparaciones con lo que yo sentí tras la muerte de *Anna*.

En aquellas fechas habían transcurrido algo más de diez años desde nuestro traslado a Würzburg. En ese periodo de tiempo habían pasado muchas cosas y, por fortuna, casi todas buenas.

Personalmente disponía de un buen laboratorio o al menos de uno que me ofrecía todo lo que necesitaba.

Contaba con la ayuda inestimable de mi colega suizo *Ludwig Zehnder*, quien en aquel momento dedicaba una parte importante de su tiempo a mejorar los tubos de vidrio con la finalidad de reducir drásticamente la exposición a la radiación del personal médico.

Y, lo que era más importante, había conseguido retomar el ritmo de mi trabajo tras la marejada que se ocasionó tras el hallazgo de los rayos X.

Respecto a *Anna* sólo puedo decir que, más allá de la preocupación que mi estado de salud le causó durante las semanas previas al hallazgo de los nuevos rayos, su vida en Würzburg se desarrollaba de manera apacible.

Durante estos años había contado con la presencia casi continua de *Josephine*, la amistad de la esposa de *Zehnder* y el invernadero del Instituto, que le había permitido dar rienda suelta a su amor por las plantas.

Sé que *Anna* habría deseado que hubiera pasado más tiempo a su lado, pero nunca se quejó por ello. Sabía que una parte importante de mi felicidad pasaba por mi trabajo y no sólo respetaba el hecho sino que siempre me animó a perseverar en él.

Ciertamente, nunca me planteé que las cosas pudieran haberse hecho de otra manera. Pero ahora que no está, ahora que siento su ausencia como un puñal que lacera mi piel, me planteó si mi actitud fue la correcta. Me digo, para no torturarme, que lo hizo con gusto y que haciéndolo se sentía feliz. Pero, a veces me queda un regusto amargo y aunque viviera mil años nunca podría agradecérselo del todo.

Supongo que esa situación de estabilidad que vivíamos fue la que me llevó a rechazar la generosa oferta que, en 1899, me realizó la Universidad de Leipzig al ofrecerme la Cátedra de Física.

Rechazar la llamada de la universidad sajona podía, para algunos, ser considerado un sacrilegio.

Se trataba de la segunda universidad más antigua de Alemania, con quinientos años ininterrumpidos dedicados a la docencia y la investigación y por sus aulas habían pasado alumnos tan brillantes como el filósofo y matemático *Gottfried Wilhelm Leibniz,* el poeta, novelista y científico *Johann Wolfgang von Goethe*, el compositor *Robert Schumann*, el filósofo *Friedrich Wilhelm Nietzsche* o el matemático *Felix Christian Klein*.

¿Qué fue lo que cambió en el transcurso de un año para que en 1900 aceptara la Cátedra de Física de la Universidad de Múnich? En realidad fueron un cúmulo de circunstancias, aunque no sabría explicarlas con total exactitud.

En aquellos años, la universidad de la capital bávara era una de las más prestigiosas del mundo y en ella se llevaban a cabo algunas investigaciones por las que, años después, a algunos de sus autores les sería concedido el Premio Nobel en disciplinas como la Química o la Física.

Podría destacar entre ellos a *Max von Laue* por ser el físico que terminó descubriendo la naturaleza de los rayos X, pero sería injusto. Personalidades como *Max Planck, Johan-*

nes Stark, Eduard Buchner y *Richard Martin Willstätter* también estudiaron en esta Universidad y durante algún tiempo fueron profesores en ella.

Como es lógico, el prestigio de la Universidad *Ludwig-Maximilians-Universität* de Múnich influyó en mi decisión. También la ilusión por poner en marcha el nuevo Instituto de Física que había sido creado recientemente.

Pero también hubo en ella un punto de "patriotismo" por tratarse de una petición expresa del Gobierno de Baviera. Y aunque en menor medida, influyó también la menor distancia de Múnich a Pontresina, el enclave suizo que desde hacía ya unos años constituía nuestro lugar de descanso veraniego y al que cada año que pasaba nos encantaba más regresar.

Escalinata principal de la Ludwig-Maximilians-Universität München

Partimos para Múnich en plena primavera, el día 1 de abril de 1900. Lo recuerdo porque a *Anna* le costó separarse de algunas de sus plantas, que por aquellos días comenzaban a florecer y porque unas semanas antes había recibido un cable de París en el que se me anunciaba que la Academia de Ciencias me había nombrado Miembro Corresponsal Extranjero.

Viajé a Múnich confiado en mi capacidad para ejercer con dignidad la Cátedra de Física y el puesto de Director del Instituto de Física y con la ilusión de conocer a mis nuevos alumnos.

Iba a ocupar la Cátedra que había dejado vacante *Eugen Cornelius Joseph von Lommel*, fallecido el año anterior.

Lommel fue un notable físico, que tras haber estudiado física y matemáticas en la Universidad de Múnich retornó a ella como profesor y pasó en ella los últimos trece años de su vida.

Eugen Lommel realizó algunas aportaciones importantes sobre todo en el campo de las matemáticas –polinomios, funciones y ecuaciones diferenciales– y, lo que no es menos importante, fue maestro y director de tesis de otro insigne físico, *Johannes Stark*, quien ganaría el Nobel de Física por el descubrimiento del *Efecto Doppler*, veinte años después.

Eugen von Lommel

Utrecht, Zúrich, Würzburg, Estrasburgo, Hohenheim, otra vez Estrasburgo, Giessen, Würzburg de nuevo y Múnich. Había llegado al final del camino, aunque en aquel momento todavía no lo supiera.

Mi caso no había sido excepcional pues en aquellos años era raro encontrar un colega que hubiera permanecido la mayor parte de su vida en una única universidad. El que más y el que menos "cargaba la casa a cuestas" no menos de cuatro o cinco veces a lo largo de su carrera.

Ciudades importantes en la vida de Röntgen

Permanecí en la capital de Baviera hasta 1920, año en el que dejé la docencia y, prácticamente, la investigación.

Durante esos años dije no a varias proposiciones, algunas tan tentadoras como la Presidencia de la *Physikalisch-Technische Reichsanstalt* (Instituto Imperial de Física y Tecnología) en Charlottenburg, Berlín, o la Cátedra de Física de la Academia de Berlín.

Jamás me arrepentí de ello. Tenía todo lo que un ser humano podía desear. Una esposa, una hija y un trabajo que colmaban mi vida.

Mientras ello duró no tuve necesidad de dar un nuevo giro a mi carrera profesional. Y, después, cuando la Guerra, la enfermedad y la muerte entraron en mi círculo más próximo ya no tenía ningún sentido hacerlo.

TERCERA PARTE

DEL NOBEL A LA POSTGUERRA

NOBEL

Cuando nos trasladamos a Múnich tenía cincuenta y cinco años. No era ningún chaval, pero me sentía fuerte y con unas enormes ganas de iniciar mis clases y tomarle el pulso a mi nuevo laboratorio.

Y eso fue lo que hice o al menos lo que intenté, pues casi no había tenido tiempo para ello cuando un nuevo hecho vino a perturbar mi tranquila vida o al menos la vida que yo pretendía llevar.

Aunque en los años siguientes las deliberaciones se llevarían a cabo con una mayor discreción ese primer año no fue así y a principios de 1901 mi nombre –junto al de otros prestigiosos físicos como *Hendrik Lorentz*, *Pieter Zeeman*, *Pierre Curie*, *William Thomson* (*Lord Kelvin*), *Philipp Lenard*, *Johannes van der Waals*, *Joseph John Thomson* y *Henri Becquerel*– comenzó a barajarse entre aquellos que tenían más posibilidades de alzarse con el Premio *Nobel* de Física, el primero que se iba a otorgar siguiendo el mandato testamentario de su mecenas.

Alfred Nobel había sido un químico, ingeniero e inventor sueco que llegó a registrar más de 350 patentes, entre ellas la de la dinamita y otros explosivos.

He de decir que, con ese curriculum, *Alfred Nobel* no era precisamente lo que se dice "santo de mi devoción". Pero, en honor de la verdad, hay que decir que al final de su vida expió sus culpas.

Nobel supo conjugar su cualidad de científico inteligente con la de industrial clarividente hasta el extremo de que llegó a crear casi un centenar de empresas en una veintena de países, entre ellos Gran Bretaña, Francia, Alemania, Rusia y, claro está, Suecia.

Fue, principalmente, la fabricación de explosivos y más concretamente la dinamita lo que le convirtió en un hombre inmensamente rico.

Pero, por lo que publicaron los diarios tras su fallecimiento, en vida no sólo acumuló riqueza. También un importante sentido de culpa por toda la destrucción y muertes que sus inventos pudieran haber causado en los campos de batalla.

Se dijo que tuvo la idea de crear los Premios que llevan su nombre, en 1888, cuando tras el fallecimiento de su hermano mayor *Ludvig Immanuel* –uno de los hombres más ricos del mundo, en aquel momento, gracias a sus negocios petrolíferos– un periódico francés publicó, por error, su propia necrológica.

Ludvig Immanuel Nobel

Bajo el titular *"Muere el mercader de la muerte"*, el redactor destacaba que el *Dr. Alfred Nobel*, quien se había hecho rico a base de inventar nuevas formas de matar personas de forma rápida, había fallecido el día anterior.

Desde luego, si era cierto que guardaba en su corazón algún tipo de remordimiento, el editorial sobre su propia muerte debió de sobrecogerle y, tal vez, hacerle reflexionar.

Lo cierto es que el magnate sueco estipuló en su testamento que con la mayor parte de su fortuna, calculada en treinta millones de coronas suecas, se creara una fundación –*Fundación Nobel*– y que el dinero se invirtiera en valores seguros, de forma que se garantizara la continuidad en el tiempo de la obra que había imaginado para ella y que no era otra que la instauración de unos generosos premios en varias disciplinas –aquellas que él mejor conocía y en las que esperaba los mayores avances–, entre ellas la Física.

Retrato de Alfred Nobel

Los primeros premios se otorgaron en 1901. Para decidir el correspondiente a la disciplina de Física, como se conocería bastantes años después, se solicitaron propuestas a algunos de los físicos más reconocidos del momento.

El Comité de la Academia, presidido por el físico-químico *Svante August Arrhenius*, recibió una treintena de proposiciones correspondientes a una docena de candidatos. Doce de ellas llevaban mi nombre, una el de *Lord Kelvin* –la que yo había enviado–, una el de *Lenard*, cinco los nombres de *Lenard* y el mío propio, y el resto se distribuían entre *Becquerel*, *Lorentz* y los demás colegas ya citados.

Parece ser que los miembros de la Academia debatieron con mucha intensidad sobre si el premio debía concedérseme a mí o si resultaba más conveniente que fuera compartido por *Lenard* y yo, habida cuenta de que algunos de los trabajos de mi colega habían servido de base a los míos propios.

Creo, sinceramente, que el compartir el premio hubiera sido una decisión justa. Y desde luego, aunque ello no tenga que ver con la justicia, me habría evitado alguno de los "dolores de cabeza" que desde entonces me acompañaron.

Finalmente, aunque este criterio se rompería tan sólo dos años después cuando el premio fue compartido por el matrimonio *Curie* y *Becquerel*, se siguió el criterio expresado por el propio *Nobel* en el sentido de que *"el premio debía entregarse sólo al científico cuyo trabajo hubiera destacado sobre los demás"*.

Svante August Arrhenius

Creo que fue uno de los últimos días del mes de octubre cuando recibí un telegrama firmado por el Secretario de la Real Academia Sueca de Ciencias en el que se me comunicaba la concesión del que iba a ser el primer Premio *Nobel* de Física.

Recuerdo haberlo abierto y que mi reacción fue de cierta sorpresa. Ciertamente se había especulado sobre mis posibilidades, pero la realidad era que no había dedicado mucho tiempo a valorarlas. Quizás el estado que mejor describiría lo que sentí en aquel momento sería confusión.

No terminaba de convencerme aceptar un premio cuya base se sustentaba en algo innoble como era, para mí, el que se hiciera negocio de los descubrimientos científicos, máxime cuando estos habían generado tanto sufrimiento.

Pero por otro lado, el premio suponía un reconocimiento importante a todo ese trabajo que había desembocado en el descubrimiento de los rayos X, teniendo en cuenta además que el reconocimiento venía de mis propios colegas, pues era la Academia de Ciencias de Suecia quien así lo había decidido y eso era realmente importante.

El premio consistía en un Diploma –que conservo en un pequeño estuche junto a varias cartas de felicitación de algunos colegas entre los que se encuentran *Max Planck* y *Albert Einstein*–, una Medalla de oro conmemorativa del evento y una importante suma de dinero, concretamente 50.000 coronas, cuya finalidad, según la *Fundación Nobel*, era evitar las preocupaciones económicas de los laureados y que, de esa manera, pudieran desarrollar mejor sus trabajos futuros promoviendo así el desarrollo de la cultura, la ciencia y la tecnología.

Acepté el premio y doné la mayor parte del importe a la Universidad de Würzburg, donde se había llevado a cabo el descubrimiento por el que se me concedió, y el resto –una pequeña cantidad– a la de Múnich, lugar en el que en esos momentos realizaba mi labor investigadora.

De esa manera, a través de este modesto intermediario, la Ciencia Física recuperaba una pequeña parte de algo que le correspondía por derecho propio.

Viajé a Estocolmo a primeros de diciembre con el tiempo justo para llegar a la ceremonia de entrega de los premios que estaba prevista para el día 10 coincidiendo con el aniversario del fallecimiento de *Alfred Nobel*.

Aunque en la actualidad la entrega de los premios tiene lugar en la Sala de Conciertos de Estocolmo, aquella primera ceremonia tuvo lugar en la Real Academia de Música de la capital sueca.

En un acto demasiado protocolario para mis sencillos gustos –presidido por el rey *Oscar II* de Suecia y en el que estuvieron presentes académicos, profesores universitarios, políticos y una nutrida representación de miembros del cuerpo diplomático– el Presidente de la Academia de Ciencias me hizo entrega del Diploma y la Medalla correspondiente, a la vez que de la orden de libramiento del dinero del premio (en los años sucesivos los laureados recibirían el premio de las propias manos del monarca).

Ilustración representando la entrega del Nobel a W. C. Röntgen

Tras el acto oficial tuvo lugar un banquete presidido por el Jefe del Estado y al que asistimos, además del alcalde de la ciudad y algunos miembros destacados de la Academia de Ciencias como *Svante Arrhenius* y *Anders Ångström*, los cuatro homenajeados: aparte de mí, el bacteriólogo alemán *Emil Adolf von Behring* que recibió el *Nobel* de Fisiología, el químico holandés *Jacobus Henricus van't Hoff* ganador del *Nobel* de Química, y el poeta francés *Sully Prudhomme*, a quien se premió con el *Nobel* de Literatura.

Diploma del Premio Nobel de Física concedido a W. C. Röntgen

Desde hace ya algunos años, el día de la entrega de los premios cada uno de los laureados pronuncia un discurso ante los miembros de la Academia. De hecho, es una de las condiciones para poder recibir el Premio.

En diciembre de 1901 no hubo discursos. Más allá de unas pocas palabras de agradecimiento, únicamente se oyó la voz de *C.T. Odhner*, Presidente de la Academia Real de Ciencias de Suecia, para presentar a las dos personas que habíamos sido distinguidos con los premios otorgados por dicha institución:

"*Sus Altezas Reales, damas y caballeros.*

La Real Academia Sueca de las Ciencias recibió de Alfred Nobel el privilegio de conceder dos de los grandes Premios que fundó en su testamento –los Premios en aquellas ramas de la Ciencia que se encontraban más cerca de su corazón–, los de Física y Química.

Ahora que la Real Academia de las Ciencias ha recibido de sus Comités su opinión experta sobre las sugerencias recibidas, además de las suyas propias, ha alcanzado una decisión, y como Presidente actual estoy aquí para hacerla pública".

A continuación, el Presidente de la Academia, tras una breve *laudation*, realizó una síntesis de mi descubrimiento así como de los trabajos que a él condujeron.

De haber tenido que ser yo la persona que realizara esa pequeña alocución, en esencia, no habría sido muy distinta. Únicamente habría dedicado algunos párrafos a reconocer el trabajo de todos los científicos que antes que yo ya habían trabajado con tubos de vacío.

Se expresó más o menos en estos términos:

"*La Academia ha otorgado el Premio Nobel de Física a Wilhelm Conrad Röntgen, Catedrático de la Universidad de Múnich, por el descubrimiento con el que su nombre estará unido por siempre: el descubrimiento de los denominados rayos Röntgen o, como los llama él mismo, rayos X.*

Estos son, como sabemos, una nueva forma de energía y han recibido el nombre de rayos por poseer la propiedad de propagarse en línea recta como lo hace la luz.

La verdadera constitución de esta energía radiante es todavía desconocida. Varias de sus propiedades características han sido, sin embargo, descubiertas en primer lugar por el propio Röntgen y luego por otros físicos que han dirigido sus esfuerzos a este campo de investigación. Y no hay duda de que se lograrán grandes éxitos en las cien-

cias físicas cuando esta extraña forma de energía sea suficientemente investigada y este amplio campo explorado concienzudamente.

Recordemos al menos una de las propiedades que se han descubierto en los rayos Röntgen; la que es la base del amplio uso de los rayos X en la práctica médica. Muchos cuerpos, al igual que dejan pasar la luz a través de ellos en diferente medida, se comportan de igual manera con los rayos X, pero con la diferencia de que algunos que son completamente impenetrables para la luz pueden ser fácilmente atravesados por los rayos X, mientras que otros cuerpos los detienen completamente.

Así, por ejemplo, los metales no pueden ser penetrados por ellos; la madera, el cuero, el cartón y otros materiales son penetrables, como es el caso de los tejidos musculares de los organismos animales. Ahora bien, cuando un cuerpo extraño opaco a los rayos X, como una bala o una aguja, se ha introducido en estos tejidos, su localización puede ser determinada iluminando las partes correspondientes del cuerpo con rayos X y registrando la sombra sobre una placa fotográfica, sobre la que se detecta inmediatamente el cuerpo opaco.

La importancia de este hecho para la práctica quirúrgica, y cuantas operaciones han sido posibles y facilitadas por él, son hechos bien conocidos por todos. Si añadimos a eso que, en muchos casos, enfermedades cutáneas graves, como el lupus, han sido tratadas con éxito utilizando rayos X, podemos decir que el descubrimiento de Röntgen ha traído ya a la humanidad un beneficio tal que recompensarlo con el Premio Nobel cumple con la voluntad de su fundador al máximo nivel".

Regresé a Alemania dos días después, no sin antes mantener algunos contactos con varios colegas de la Universidad de Estocolmo. Mi laboratorio y mis clases me esperaban en Múnich.

Si en Estocolmo había mantenido un breve encuentro con el monarca sueco, nada más llegar a Alemania recibí una notificación en la que se me comunicaba que el Emperador Alemán me había concedido la Orden del Mérito de la Corona Bávara que conllevaba, además de la condecoración y el honor de poseerla, el título de noble.

Si bien es cierto que acepté la condecoración también lo es que nunca utilicé el "von", que denotaba el rango de nobleza y que era considerado como símbolo de alto nivel social. Seguí siendo *Wilhelm Conrad Röntgen* y firmando como tal.

Wilhelm Conrad Röntgen en 1901

EFIMERIDAD

En más de una ocasión asistí como mero espectador a peleas en las que el tema que se dilucidaba era "quien fue el primero".

He de decir que siempre me parecieron debates estériles porque, en la mayoría de las ocasiones, la persona que obtiene el "triunfo" no lo habría logrado sin los conocimientos aportados por aquellos que a la par o con anterioridad a él habían trabajado en la misma dirección.

Lo que nunca imaginé es que, sin pretenderlo, terminaría envuelto en una de esas disputas. Y menos aún que la controversia me perseguiría toda la vida.

La disputa fue protagonizada por *Philipp Lenard* y tuvo lugar a raíz de hacerse pública la noticia de la concesión del *Premio Nobel*, como reconocimiento al descubrimiento de los rayos X,

Hasta ese momento, *Lenard* y yo habíamos mantenido una relación de admiración y respeto por el trabajo que cada cual realizaba, pero tras la concesión del Nobel, según él mismo explicó, *Lenard* se sintió defraudado e incluso traicionado por mí.

Nunca avivé la polémica y si no lo hice fue simplemente porque no la entendía. Desde el mismo día del descubrimiento, y cada vez que tuve oportunidad, cité los trabajos previos en los que me había apoyado y el nombre de *Lenard* siempre salió de mis labios.

Él no lo entendió así y durante años peleó por la primacía del descubrimiento. Era como si hubiera convertido la decepción en un odio obsesivo que no cesó ni siquiera cuando unos años después, en 1905, recibió el mismo galardón en honor a sus trabajos sobre los rayos catódicos.

En su afán por difamarme llegó a afirmar estupideces tales como que los rayos X eran simplemente rayos catódicos, ya descritos por él, y no "un nuevo tipo de radiación".

Pero lo más triste de todo fue que, apoyado en su valía científica, arrastró a otros físicos a mantener viva una controversia absurda.

Como el argumento anterior no se sustentaba –mucho menos proviniendo de un físico de su prestigio– tuvo que recurrir a juegos de palabras en los que, sin ser consciente, él mismo quedaba atrapado:

"Röntgen fue la partera en el nacimiento del descubrimiento. Tuvo la fortuna de presentarlo primero, pero yo soy la madre de los rayos X.

Así como una partera no es responsable del mecanismo del parto, Röntgen no es responsable del descubrimiento de los rayos X, el cual simplemente cayó en su regazo".

W. C. Röntgen y P. Lenard Premios Nobel de Física en 1901 y 1905

No sin cierta razón, *Philipp Lenard* siempre sostuvo que cualquier investigador habría podido descubrir los nuevos rayos tras tener conocimiento de sus investigaciones con los rayos catódicos, pero jamás ofreció una explicación clara de por qué él mismo no los descubrió.

Y algo que tampoco nunca mencionó *Lenard* fue que, igual que yo me había apoyado en sus trabajos y en los de

Goldstein, *Hittorf*, *Hertz* y *Crookes*, él se había basado en las investigaciones del profesor *Hertz*.

Nada le detuvo. Llegó a culpar a mi daltonismo del descubrimiento, pues es sabido que los daltónicos tenemos un mayor número de bastones en la retina y ello nos permite ver mejor en condiciones de baja luminosidad. Pero, igualmente es conocido que cualquier persona con visión normal puede adaptar su visión a condiciones de baja luminosidad con tan solo permanecer durante unos minutos en oscuridad.

En fin, han pasado veinte años desde la entrega del *Nobel* y, aún hoy, cada vez que tiene oportunidad continúa atizando un fuego que, salvo que sus amigos del Partido Nacionalsocialista Obrero Alemán logren reavivar algún día, lleva ya bastante tiempo sofocado.

Como ya ocurriera con motivo del descubrimiento, hubieron de transcurrir varios meses hasta que pude retomar la vida tranquila y rutinaria, que tanto anhelaba.

En los últimos años mis trabajos habían estado centrados en estudiar la conductividad eléctrica de ciertos materiales.

Me mostraba interesado en realizar mediciones de la capacidad de diversos materiales para dejar pasar la corriente eléctrica a su través pues era evidente que unas sustancias, por su estructura atómica o molecular, eran mejores conductoras de la electricidad que otras.

Una veintena de años atrás, los hermanos *Jacques* y *Pierre Curie* habían realizado una serie de estudios sobre los cristales. Era un fenómeno conocido –al que se había dado el nombre de piroelectricidad– que algunos cristales adquirían diferentes cargas eléctricas cuando se calentaban a diferentes temperaturas.

La aportación de los hermanos *Curie* fue que el fenómeno, en realidad, no era causado por el calor sino por la presión que se ejercía sobre las caras del cristal de manera que, al aplicar una fuerza sobre el cristal, caras opuestas del mismo adquirían una carga eléctrica. Dicho de otra manera, se producía una conversión de energía mecánica en energía eléctrica.

Ese fenómeno nuevo –al que denominaron piezoelectricidad– llamó mi atención al igual que le había ocurrido a mi maestro *August Kundt* y les ocurriría también a mis colegas *Eduard Riecke* y *Voldemar Voigt*, entre otros.

Y no sólo llamó mi atención, sino que abrió un nuevo periodo en mi labor investigadora.

Esa labor la llevé a cabo en colaboración con *Abram Fiódorovich Ioffe*, un colega ruso que tras haberse graduado en el Instituto Estatal de Tecnología de San Petersburgo en 1902 había venido a Múnich a completar su formación.

Ioffe pasó tres años a mi lado y tras obtener el doctorado partió de nuevo hacia San Petersburgo. Pues bien, durante ese tiempo, realizamos diversas investigaciones para estudiar las propiedades físicas de los cristales.

Abram Fiódorovich Ioffe

Me costaba mucho abandonar, siquiera por un tiempo, el trabajo en el laboratorio para ponerme a escribir. En este sentido, la colaboración con *Ioffe* me ayudó a romper las reticencias que mostraba a publicar mis trabajos.

Aún así, en los veinte años que han transcurrido entre la concesión del *Nobel* y el momento en el que escribo estos párrafos tan solo he publicado siete trabajos sobre diversos aspectos de las radiaciones, la conductividad eléctrica y las propiedades físicas de la estructura cristalina.

Un autor nunca termina de separarse del todo del personaje que ha creado. Máxime, si este ha conseguido sobrepasar todas las fronteras. Eso me ocurrió a mí pues a pesar de haber dejado de investigar sobre los rayos X hacía ya muchos años siempre estuve al tanto de los avances que su utilización producía.

Desgraciadamente, a la par que los beneficios que aportaba su utilización, los rayos X mostraban día a día esa otra cara menos amable: los daños que podían producir si no se adaptaban las medidas de protección adecuadas.

Como ya he comentado, a los pocos meses de su descubrimiento ya se observaron problemas de depilación así como quemaduras y eritemas en personas que utilizaban tubos de rayos X en sus investigaciones o espectáculos, o en pacientes que habían sido expuestos a los nuevos rayos para determinar la localización de un proyectil o un trozo de metralla.

Generalmente se trataba de lesiones cutáneas de las que no se conocía con seguridad su causa y a las que algunos investigadores se referían como "golpes de calor" o denominaban "insolaciones eléctricas".

Pero con el paso del tiempo, y a medida que el uso de los rayos X fue aumentando, se describirían amputaciones e incluso algún caso de fallecimiento. Uno de ellos, del que en su momento dieron buena cuenta los diarios de todo el mundo, fue el de *Clarence Dally*, asistente principal de *Edison*, quien falleció en 1904 a causa de las quemaduras que las altas exposiciones a los rayos le produjeron.

Nadie que se considere bien nacido puede alegrarse del mal ajeno, pero he de reconocer que en mi fuero interno maldije a *Edison* como culpable de su fallecimiento.

Clarence Madison Dally

Si bien es cierto que fue tras el final de la Gran Guerra cuando se produjo una mayor toma de conciencia acerca de las lesiones que pueden producir estos rayos no lo es menos que a los pocos meses de ser observados por primera vez ya hubo médicos que alertaron sobre el riesgo de su utilización, a la par que se dictaron algunas normas para prevenir sus peligros.

He de decir que, en lo que a mí respecta, nunca sufrí quemaduras por rayos X.

Supongo que influyó que, a pesar de mis trabajos, el tiempo que dediqué a ellos no fue excesivamente largo y que durante parte de ese tiempo trabajé en el interior de una cabina de estaño y plomo que no permitía la entrada de luz y que era impenetrable, también, a los rayos.

A pesar de la importancia de mi descubrimiento nunca me he considerado una verdadera autoridad en Física.

En realidad, no lo he sido.

Como persona individualista y poco dada a tener ayudantes tampoco he sido fundador o líder de ningún grupo importante de investigación.

Sin embargo, siempre me he sentido respetado y, desde luego, agradecido por la fama de investigador serio y dedicado en cuerpo y alma a mi labor, pues si algo ha dado sentido a mi trabajo ha sido una cierta obsesión por la precisión, el método científico y el desarrollo de los instrumentos necesarios para mi investigación.

Siempre he pensado que los éxitos científicos tienen una vida efímera pues en un espacio de tiempo más o menos corto son sustituidos o complementados por otros en una rueda, que por el bien de la humanidad, todos deberíamos desear que no tuviera fin.

En 1910, tuve oportunidad de expresar esta idea en un diario muniqués con ocasión del obituario que realicé tras el fallecimiento de mi colega *Friedrich Kohlrausch*:

"El investigador siempre debe contar con la posibilidad, y casi siempre con la certeza de que su trabajo en un tiempo relativamente corto será superado por otros, que sus métodos de trabajo serán mejorados y que los nuevos resultados obtenidos serán más precisos.

De esa forma, el recuerdo de esta persona y de su trabajo desaparecerá gradualmente".

En mi primera comunicación ante la Sociedad Físico-Médica de Würzburg formulaba una pregunta acerca de la naturaleza de los nuevos rayos y, no sin cierta temeridad, me atrevía a adelantar una hipotética respuesta:

"¿Acaso es posible que los nuevos rayos se deban a vibraciones longitudinales en el éter? Debo admitir que he depositado cada vez más confianza en esta idea en el transcurso de mis investigaciones y, por lo tanto, ahora es mi

deber anunciar mis sospechas, aunque sé bien que esta explicación requiere mayor corroboración".

La respuesta correcta a la pregunta que formulé en aquel momento vendría, bastantes años después, de la mano de un colega del Instituto de Física Teórica de la Universidad de Múnich que enseñaba en el departamento del profesor *Arnold Sommerfeld*: *Max von Laue*.

En los años previos a la Guerra, Múnich era una de las capitales mundiales de la cultura, la ciencia y la innovación artística.

Muchos de los poetas y artistas habían hecho de un café en el *Hofgarten* –un agradable y bellísimo jardín de estilo italiano– su lugar de reunión y tertulia. Pero lo más sorprendente fue que, en torno a la figura de *Sommerfeld*, también en él comenzaron a reunirse algunos profesores de la Universidad. Uno de ellos fue *Ioffe*. Y entre ellos se encontraba, también, *Laue*.

A pesar de los intentos de mi colega *Abram Ioffe* para que asistiera, nunca participé en esas reuniones.

Algunos opinaban que un café no era el lugar adecuado para poner en común líneas de investigación o discutir sobre los diversos problemas de la ciencia. No era mi caso.

Sencillamente, mi carácter reservado y un tanto solitario me hacía sentir más cómodo en el silencio de mi laboratorio y, si acaso, departiendo en privado con alguno de mis colaboradores.

Max von Laue se había interesado por los experimentos que estaba llevando a cabo *Paul Peter Ewald* sobre el efecto de radiaciones de gran longitud de onda al incidir sobre cristales y ello le llevó a plantearse qué ocurriría si, en lugar de luz visible como *Ewald*, se hicieran incidir sobre los cristales radiaciones de menor longitud de onda.

Así fue como en mayo de 1912, al hacer incidir un haz de rayos X sobre cristales de sulfato de cobre obtuvo la confirmación de la naturaleza electromagnética de los rayos X.

Tras pasar el haz de rayos X a través del cristal, *Laue* registró el patrón de difracción en una placa fotográfica y lo que observó fue una gran cantidad de puntos bien definidos, dispuestos en círculos entrelazados alrededor del haz central.

Lo que había ocurrido es que el haz de rayos, tras atravesar el cristal, se había dispersado en varias direcciones dando lugar, en la placa fotográfica, a manchas concéntricas alejadas del haz central.

Habían transcurrido diecisiete años desde que los rayos X fueron observados por vez primera y por fin sabíamos que, aunque de longitud de onda menor, su naturaleza ondulatoria era similar a la de la luz.

No obstante, quedaba todavía un cabo suelto. Un fenómeno al que la naturaleza ondulatoria de estos rayos no daba respuesta.

Efectivamente, si los rayos X tenían el poder de ionizar la materia se podía inferir que estaban constituidos por partículas o al menos que se comportaban como si así fuera.

Max von Laue en 1914

A pesar de esa característica para la que no existía una explicación lógica, *Max von Laue* había conseguido despejar la X y calcular su valor, y gracias a ello y al fenómeno de difracción de estos rayos sobre cristales recibió el Premio *Nobel* dos años después.

Fui de los primeros en felicitar a mi joven colega y reconozco que sentí verdadero regocijo cuando acudió a visitarme y me explicó de manera clara y detallada sus hallazgos.

Me sentía orgulloso por él y por el prestigio que otorgaba a nuestra Universidad, al tratarse de un miembro activo de ella. Sin lugar a dudas, el joven *Laue* tenía un esperanzador futuro por delante.

Han pasado más de veintiséis años desde que los rayos X fueron descubiertos y casi una decena desde que se conoce su verdadera naturaleza, y ambos hechos se siguen recordando y celebrando.

¿Quiere ello decir que la idea expresada en el obituario de *Kohlrausch* era equivocada? Estoy seguro de que no. Únicamente, el tiempo aún no ha dictado su implacable sentencia.

MANIFIESTO

Los avatares y las intrigas políticas siempre me han producido cierto desasosiego. No quiero decir con ello que haya vivido al margen de la realidad y muchísimo menos que no haya sentido por Alemania el amor que, a mi entender, todo buen ciudadano debe sentir por su país.

Pero de qué sirve ser buen ciudadano si las personas designadas para regir el timón de los pueblos se dejan llevar por envidias de familia, rivalidades económicas, control de las colonias, militarismos exacerbados y nacionalismos mal entendidos.

Con la perspectiva del paso del tiempo creo que yo formé parte de esa mayoría de ciudadanos de Europa que, en primer lugar, no vimos venir la Guerra y, en segundo, pensamos ingenuamente que sería corta.

Ciertamente no era fácil prever una guerra entre países modernos, menos aún si se tiene en cuenta que sus máximos dirigentes eran miembros de una misma familia.

Y de la misma manera, una vez iniciada, lo lógico era pensar que la cordura y la sensatez se impondrían rápidamente. Pero no fue así.

La guerra llegó porque las distintas potencias europeas sólo buscaban satisfacer sus propios intereses y para conseguir sus fines todas estaban dispuestas a prender la mecha.

Si bien el ambiente no era de preguerra, el año anterior al comienzo del conflicto el clima de inestabilidad política que se respiraba en toda Europa era muy grande.

Al menos esa era nuestra percepción y ese fue el principal motivo de que por primera vez en muchos años, ese verano, suspendiéramos nuestras vacaciones estivales y permaneciéramos en Alemania en lugar de viajar a Suiza.

Pero hubo otra razón que también centró nuestra preocupación: *Anna* sufrió una serie de cólicos renales que la mantuvieron postrada en cama, con tremendos dolores que sólo cesaban con altas dosis de medicamentos.

Quién me iba a decir, en aquel verano prebélico, que la próxima vez que pusiera los pies en el país helvético –sería en 1921– lo haría solo.

Tras trece años en la Universidad de Múnich y después de haber dicho no a algunas proposiciones de universidades europeas recibí y acepté el nombramiento que me ofrecía la Universidad de Columbia en Estados Unidos.

Más que necesidad de cambiar de aires –podría haberlo hecho a diversos centros europeos– sentía curiosidad por conocer el continente americano y comprobar el nivel de su investigación física. Además, tenía algunos familiares en Iowa a los que hacía años que no veía.

La idea era partir hacia Nueva York a primeros del mes de agosto de 1914. Teníamos los pasajes para el barco y muchas ilusiones, pero el comienzo de la Guerra dio al traste con unos y otras.

Portada de The Evening World (Nueva York 01/08/1914)

Permanecimos en Múnich por varios motivos. Por patriotismo, pues nuestra conciencia no nos permitía abandonar Alemania justo cuando nuestro país se veía envuelto en una crisis de dimensiones difíciles de precisar, y porque ni *Anna* ni yo hubiéramos podido vivir temiendo por la seguridad de *Josephine* o sin tener noticias de ella.

La diplomacia había fracasado y Europa se enfrentaba a la que iba a ser la mayor catástrofe de su historia. Además del dolor, el sufrimiento, las enfermedades y los heridos, ocho millones de personas no podrían celebrar el final de la Guerra. Y muchos de los que podríamos haberlo hecho no teníamos nada que celebrar.

La Guerra no sólo paró la investigación científica –o la desvió hacia la industria armamentística– sino que muchos físicos, químicos o ingenieros de distintas nacionalidades, que hasta ese momento habían trabajado juntos o colaborado entre ellos, pasaron a combatir en bandos enfrentados.

Había que vivir con una gran contradicción. Amar a tu país, querer lo mejor para él y, a la vez, saber que eso sólo era posible dejando en la cuneta a esos otros que sentían lo mismo por uno distinto, el suyo, y que como era lógico también querían lo mejor para él.

Sólo quien hubiera perdido la humanidad podía no sufrir y no sentirse culpable por ello.

Pero la realidad se imponía y el que más y el que menos soportó esa contradicción y arrastró esa culpa como pudo.

Personalmente, al igual que hicieron otros científicos, cedí al Estado las medallas de oro que poseía y dediqué una parte importante de mis ahorros a comprar bonos emitidos por el Tesoro Alemán y lo hice asumiendo la culpa, pero con la esperanza de que mi apoyo al esfuerzo bélico germano contribuyera a que el conflicto terminara cuanto antes.

Guiado por esa misma finalidad a la par que presionado por el ambiente y arrastrado por las graves acusaciones que el resto de Europa vertía sobre el pueblo alemán –al que culpaba de haber iniciado la Guerra– en octubre de 1914 firmé junto a otros físicos, médicos, químicos, artistas, ingenieros, arquitectos, filósofos, teólogos, poetas y profesores universitarios lo que se conoció como el *Manifiesto de los 93*:

"Al mundo civilizado:

Como representantes de las ciencias y las artes alemanas, nos dirigimos al mundo civilizado para protestar contra las mentiras y calumnias con las que nuestros enemigos están tratando de manchar el honor de Alemania en su ardua lucha por la existencia en una guerra a la que ha sido empujada".

Tras esta llamada al "mundo civilizado" el comunicado exculpaba al pueblo alemán, a su gobierno y al Káiser de haber provocado la guerra, explicaba los esfuerzos de este último por evitarla y apelaba a que se revisaran las múltiples ocasiones en las que el emperador alemán había demostrado ser un arduo defensor de la paz:

"En innumerables ocasiones a lo largo de los veintiséis años de su reinado, Guillermo II ha defendido la paz, hecho que incluso nuestros enemigos han reconocido".

Se rebatían, así mismo, las afirmaciones de haber violado la frontera de la Bélgica neutral y vulnerado la vida y las propiedades de ciudadanos belgas, alegando que únicamente se había utilizado la fuerza en legítima defensa:

"Tenemos la prueba irrefutable de que Francia e Inglaterra habían decidido vulnerar esa neutralidad con la connivencia de Bélgica. Hubiera sido un suicidio por parte de nuestra patria no adelantarse a este hecho".

"...Porque una y otra vez, a pesar de las advertencias, la población ha disparado a traición sobre nuestras tropas, ha mutilado a heridos y asesinado a médicos que ejercían su humanitaria profesión".

Alemania había sido acusada de haber destruido Lovaina con total impunidad, de no respetar las leyes internacionales y de sustentar nuestra cultura gracias a un creciente militarismo. Y, también, el manifiesto defendía a Alemania de estas acusaciones:

"La mayor parte de Lovaina se mantiene intacta. El famoso Ayuntamiento se mantiene intacto porque, a riesgo de su vida, nuestros soldados lo han protegido de las llamas".

"*No es verdad que hagamos la guerra sin respetar las leyes internacionales. (…) Al este de nuestra patria, la tierra se empapa con la sangre de las mujeres y los niños masacrados sin piedad por las salvajes tropas rusas*".

"*Si no fuese por nuestro militarismo, nuestra civilización habría sido aniquilada hace tiempo*".

Conocedores de que la mentira es un arma difícil de combatir, el manifiesto terminaba diciéndole al mundo que ello no iba a impedir que el pueblo alemán elevara su voz para denunciarla:

¡Créannos! Sepan que llegaremos hasta el final de esta lucha como nación civilizada, como pueblo para el que el legado de Goethe, Beethoven y Kant es tan sagrado como su tierra y su hogar".

Mi firma y el resto de ellas, entre las que figuraban las de algunos de los más prestigiosos científicos alemanes –*Felix Klein*, Profesor de Matemáticas en Gotinga; *Philipp Lenard*, Profesor de Física en Heidelberg; *Max Planck*, Profesor de Física en Berlín; *Emil Fischer*, Profesor de Química en Berlín, y *Fritz Haber*, Profesor de Química en Berlín–, aparecían al final del manifiesto, justo delante del siguiente enunciado:

"*Por esto comprometemos nuestros nombres y nuestro honor*".

No puedo hablar en nombre de nadie, pero en mi caso comprometí además la conciencia, esa propiedad del alma que te recuerda permanentemente aquello de lo que no te sientes especialmente orgulloso.

Amar a tu país no debería obnubilar la mente hasta el punto de hacer seguidismo de algo sin medir o valorar las consecuencias. Menos, si cabe, la mente de los intelectuales.

Guiados por el amor a la patria apoyamos un documento que, perfectamente, podría haber sido firmado por científicos e intelectuales de cualquiera de los países en conflicto.

Qué habríamos pensado los alemanes si en lugar de la Universidad Católica de Lovaina y su valiosa biblioteca –se quemaron más de trescientos mil manuscritos irreemplazables– lo que se hubiera destruido hubieran sido las obras de *Goethe, Beethoven* o *Kant*.

No pasarían, por tanto, demasiados meses sin que me arrepintiera amargamente de haber suscrito el manifiesto, pues si bien siempre consideré que debía de apoyar a mi país hacerlo en esos términos significó menospreciar el horror al que otros pueblos también se estaban enfrentando.

Y no fui el único que se arrepintió. Según un informe publicado en 1921 por el diario *The New York Times* a una sesentena de los firmantes del documento les ocurrió lo mismo.

Quizás todos deberíamos haber actuado como el astrónomo *Wilhelm Foerster* quien, arrepentido por haberlo suscrito, redactó su *Manifiesto a los europeos*:

"*Parece no sólo algo bueno, sino en extremo necesario, que las personas educadas de todas las naciones dirijan su influencia de tal manera que los términos de una paz no sean fuente de futuras guerras, aunque actualmente sea incierto el resultado de la que está teniendo lugar.*

El hecho de que esta guerra haya sumergido todas las relaciones europeas en un estado igualmente inestable y plástico tendría que ser aprovechado para hacer de Europa una totalidad orgánica".

Wilhelm Julius Foerster

THEODOR

Mi vida en la retaguardia no distó mucho de la del resto de mis conciudadanos y, como ellos, sufrí la progresiva escasez de bienes de consumo.

Prácticamente toda la industria se había puesto al servicio del ejército y los hombres en edad de combatir habían sido movilizados. Era inevitable que lo que viniera a continuación fuera una enorme escasez de alimentos y eso que mujeres, ancianos y niños se hicieron cargo del trabajo en las fábricas y el campo.

El primer año de la guerra Alemania tuvo una buena cosecha de patatas, pero no de trigo y centeno. Ello hizo que al año siguiente se requisara todo el grano y se racionara su consumo por parte de la población.

Muy pronto empezó a faltar también el azúcar y ello porque, según reconoció un portavoz del Ministerio de la Guerra, los caballos del ejército se habían alimentado de remolacha hasta el verano de 1915.

Soldados del Ejército Alemán repartiendo comida a niños

Recuerdo que durante los dos primeros años del conflicto comíamos patatas, como se suele decir, hasta "en la sopa". En ese momento estábamos hartos de ellas y poco tiempo después, debido a su escasez, cómo las llegamos a echar de menos.

Agotadas las patatas, a finales de 1916 y principios de 1917 empezamos a saber de verdad lo que era el hambre.

Los únicos alimentos que podíamos echarnos a la boca eran nabos. Con la desnutrición y la falta de higiene hicieron su aparición muchas enfermedades, principalmente la tuberculosis y el tifus, como un anticipo de la llamada gripe española que se extendería por toda Europa los dos últimos años de la Guerra.

No sabría precisarlo, pero se dice que esa hambruna se llevó por delante la vida de más de setecientas mil personas.

Una guerra es un hecho tan trágico que cabría pensar que mientras dura todo se detiene. Qué equivocados estamos cuando pensamos así. La vida no se detiene ni para lo bueno ni, mucho menos, para lo malo.

Respecto a lo bueno, *Anna* se había recuperado parcialmente de sus dolencias y ello le permitía llevar una vida más o menos normal, aunque los médicos le habían recomendado que no realizara grandes esfuerzos.

Esa vida normal incluía cortos paseos por la ciudad en los que, dada la escasa actividad en el laboratorio y las aulas, yo también participaba.

Fue, precisamente, al regreso de uno de ellos cuando tuve conocimiento de una iniciativa que lamentablemente no prosperó pero que, he de decirlo, me emocionó como pocas cosas lo habían hecho hasta ese momento de mi ya larga vida.

No llegó a prosperar, pero tocó lo más íntimo de mi corazón. En esos momentos regresó a mi mente el manifiesto firmado el año anterior y, una vez más, fui consciente de que no debería haberlo suscrito.

Europa y el mundo se estaban desangrando y, sin embargo, con ocasión del vigésimo aniversario del descubrimiento de los rayos X, científicos de todos los países enfrentados se habían unido para crear lo que llamaron *Fundación Röntgen*. Cómo no emocionarse.

La idea había partido de mis compatriotas *Max Planck*, *Emil Warburg* y *Adolph von Bayer*, y había contado con el apoyo, entre otros, de *Joseph John Thompson*, *Charles Glover Barkla* y *Ernest Rutherford* de Inglaterra, *Marie Curie* de Francia, *Hendrik Antoon Lorentz* de Holanda y *Abraham Michelson* de Estados Unidos.

A pesar de que dos de las empresas económicamente más solventes de Alemania participaron en el proyecto, *Krupp* y *Siemens*, solamente se recaudaron trece mil marcos, insuficientes para llevarlo a cabo.

El proyecto de la Fundación no fructificó, pero más importante que el hecho fue la intención y esa sigue ocupando un lugar destacado en mi corazón.

Y un hueco de ese viejo corazón lo ocupa el recuerdo de mi amigo *Theodor Heinrich Boveri*, una de las personas con las que mantuve una relación más intensa y que falleció en el mes de octubre de 1915 cuando tenía todavía mucha vida por vivir.

Desde muy joven, *Theodor* estuvo dotado de una sensibilidad especial no sólo para la ciencia, también para la música y la pintura.

La causa de su muerte no se supo con exactitud. Aunque no se descartó una posible intoxicación por radio –elemento radiactivo que había utilizado en algunos experimentos– o una infección por *Ascaris*, la causa más probable, como me explicó su esposa *Marcella*, fue una tuberculosis pulmonar.

Mi carácter introvertido no invitaba a confidencias, pero *Theodor*, aunque diecisiete años más joven que yo, supo ganarse mi cariño y amistad desde el mismo momento en el que nos conocimos.

Es posible que las depresiones que a veces sufría y que, inevitablemente afectaban a su estado de ánimo, le ayudaran a entender mi carácter solitario.

Theodor Heinrich Boveri

Nuestra amistad se remontaba a 1893, tan sólo unos pocos meses después de su llegada a Würzburg para dirigir el Instituto de Zoología y Zooanatomía e impartir las materias correspondientes a estas disciplinas en la Universidad de la ciudad bávara.

La idea de *Theodor*, tras graduarse en Núremberg, fue seguir los estudios de Filosofía e Historia en la Universidad de Múnich y así lo hizo. Pero no había transcurrido ni siquiera un semestre cuando se dio cuenta de que su verdadero interés lo constituían las ciencias naturales.

Estoy seguro de que habría sido un gran filósofo. Era crítico, reflexivo, no le servía cualquier respuesta y se preocupaba por encontrarle un sentido a la vida como vía para hacerla mejor.

A cambio, fue un gran embriólogo. Al fin y al cabo, el método científico precisa de algunas de esas cualidades.

Tras realizar el doctorado en el Instituto de Anatomía de Múnich, con un estudio acerca de la estructura de las fibras nerviosas, se trasladó al Instituto de Zoología de la misma ciudad donde la concesión de una beca le proporcionó la libertad que necesitaba para investigar durante siete largos años.

Trabajó como ayudante del prestigioso zoólogo *Richard Hertwig* y durante ese tiempo desarrolló una extraordinaria destreza en técnicas de investigación del desarrollo celular.

Mi amigo había realizado gran parte de su investigación con el huevo del *Ascaris megalocephala*, un gusano parásito, en el que además de comprobar que la mitosis era un proceso extremadamente organizado había realizado algunas observaciones muy importantes como, por ejemplo, que durante la maduración del huevo había un momento en el cual el número de cromosomas se reducía a la mitad.

Marcella O'Grady, una joven bióloga estadounidense, atraída por el prestigio y el nivel de las investigaciones de *Theodor* se desplazó a Würzburg para realizar el doctorado bajo su dirección.

Con enorme felicidad, en 1898 asistí al enlace de ambos y dos años después al nacimiento de su hija *Margret*.

Y con una enorme pena viví su muerte.

Si bien era conocedor de sus depresiones periódicas, desconocía que estuviera tan enfermo. Sabía que tan solo unos meses antes se le había extirpado la vesícula biliar y que había padecido un ataque de pleuresía pero en ningún momento sospeché que el final estuviera tan próximo.

Durante los años que coincidimos en Würzburg fueron muchos los ratos que pasamos juntos. Departíamos de casi todo porque de casi todo entendía.

Latín, griego, biología, historia, filosofía, música, dibujo, pintura. Nada escapaba al conocimiento de quien siendo muy joven había pasado varios años en la *Stiftung Maximilianeum*, fundación muniquesa que otorgaba manutención y alojamiento gratuitos a alumnos superdotados.

Hoy, anciano y prácticamente recluido entre las cuatro paredes de esta habitación, su recuerdo sigue muy vivo en mi corazón y el contacto periódico con su mujer *Marcella* y su hija *Margret* me ayudan a tenerlo siempre presente.

Marcella O'Grady

En medio del dolor y la destrucción ocasionados por la Guerra los rayos X desarrollaron una labor fundamental en el tratamiento de los heridos y enfermos. La contribución de los nuevos rayos a la cirugía militar fue el motivo por el cual el Emperador Guillermo II me concedió la Cruz de Hierro.

Era un reconocimiento importante pero el mérito no era mío. O en todo caso debía compartirlo con los hombres y mujeres anónimos –no sólo alemanes, también austriacos, franceses, belgas y de otras nacionalidades– que en todos los campos de batalla europeos y en las distintas retaguardias atendían las estaciones radiológicas fijas o portátiles y que tan buena labor llevaron a cabo.

Pero en los puestos radiológicos también hubo personas conocidas y reconocidas. De todas ellas hubo tres que, a mi modo de ver, tuvieron una significación especial porque pudiendo haber permanecido resguardadas en la seguridad que les ofrecía el recogimiento de su laboratorio, decidieron jugarse la vida y ayudar a sus compatriotas heridos o enfermos.

Efectivamente, *Marie Curie* y su hija *Irène* por el lado francés y *Lise Meitner* por el austriaco llevaron a cabo una labor encomiable en los hospitales de campaña realizando radiografías a los heridos que lo precisaban.

Al concluir la Guerra, *Marie Curie*, que con ayuda de sus automóviles radiológicos –sus *Petites Curies*– había conseguido examinar a más de diez mil heridos, describiría sus experiencias en el libro *La Radiologie et la Guerre*.

En él, tras describir los rayos X, los aparatos que los producían y la forma de obtenerlos, describía la forma como se desarrollaba el trabajo radiológico en los hospitales de campaña, destacaba la importancia que la utilización de los rayos X había tenido durante la Guerra y abogaba por extender sus beneficios a tiempos de paz.

El libro concluía explicando la terapia con rayos X: *"Los rayos X pueden ser extremadamente peligrosos, pero pueden también ser un medio para combatir ciertas enfermedades"*.

La física austriaca Lise Meitner

Marie Curie junto a su hija Irène

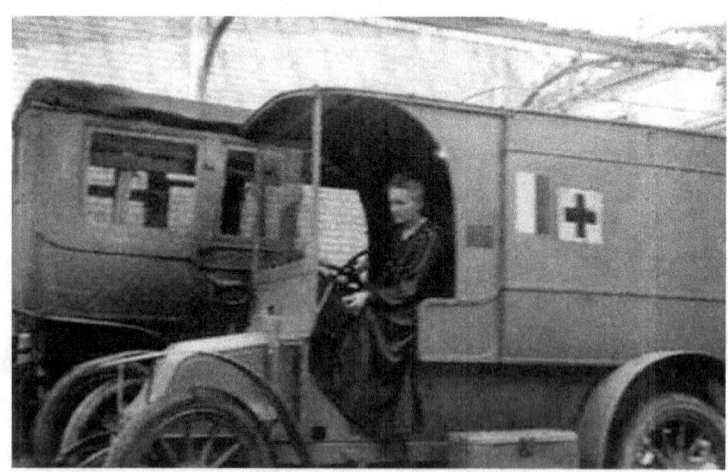

Marie Curie al volante de una de las "Petites Curies"

ANNA

No sé si alguien será capaz de extraer alguna lección positiva de las guerras. No obstante, y desgraciadamente si se quiere, a veces han actuado como catalizadoras de determinados fenómenos.

De alguna manera, era como si la Guerra y los rayos X se hubieran alimentado mutuamente. Los heridos contaron con una valiosa herramienta que ayudó a tratar sus lesiones y precisamente el tipo de heridas que estos presentaban realzó la utilidad de los rayos X.

Siendo, como soy, uno de los padres de los rayos X me atrevería a decir que la Guerra que acababa de finalizar había puesto en valor el empleo de los nuevos rayos como método diagnóstico.

Uno de los padres de los rayos X y uno de los millones de alemanes o europeos, si se prefiere, que finalizada la Guerra se disponían a malvivir en los despojos y la inmundicia que esta había dejado.

Recuerdo con enorme tristeza el regreso de nuestros soldados desfilando por las calles, cabizbajos, andrajosos y renqueantes. Qué diferencia con aquella otra imagen de 1914 cuando partían, orgullosos y seguros de un pronto regreso victorioso.

La Guerra había terminado, pero había poco que celebrar. Acaso el final de la pesadilla, pues lo que vino a continuación fue una hambruna que ni siquiera las cocinas populares, con sus largas colas, fueron capaces de mitigar.

Viví con pesadumbre cómo el final de la Guerra se llevó por delante la monarquía alemana. El Káiser Guillermo II no tuvo más remedio que abdicar y Alemania quedó a merced de los vencedores, quienes para no contradecir la historia de la humanidad no iban a tener ningún gesto de magnanimidad hacia los derrotados.

Había tenido la enorme fortuna de vivir la fundación del Imperio alemán y había asistido, también, a su final. En lo personal me sentía más cerca de la monarquía que de la nueva República, pero, siendo sincero, en esos momentos mis mayores problemas eran otros.

La inflación había llegado a alcanzar valores tan exagerados que el dinero perdió todo su valor. Los ahorros de toda una vida –los nuestros y la herencia de mis padres– que podrían habernos ayudado a superar esos momentos se esfumaron como por encanto.

Como a muchos compatriotas, al dolor le acompañó el hambre. Los alimentos escaseaban y, debido a la pérdida de valor del dinero, los pocos que era posible conseguir en el mercado negro alcanzaban precios desorbitados.

Pero ese, a pesar de su gravedad, seguía sin ser nuestro mayor problema.

Durante los últimos años la salud de *Anna* se había ido debilitando. Padecía tremendos dolores y los médicos, aunque sospechaban que pudiera padecer algún tipo de cáncer, nunca supieron a ciencia cierta cuál era la verdadera causa de su dolencia.

En los últimos meses de la Guerra su estado había empeorado y la atmósfera de abatimiento que se había instalado en todos los rincones de Alemania no ayudó a su recuperación.

Hacía ya varios años que *Anna* tomaba pantopol combinado con morfina –que yo mismo le inyectaba– pero sus dolores habían ido en aumento y sólo las altas dosis que le administraba, y que a duras penas podíamos pagar, le ayudaban a soportarlos, siquiera en parte.

Cuando el 22 de abril de 1919 celebramos su octogésimo cumpleaños los dos sabíamos que sería el último, pero como cada día *Anna* intentó disimular su dolor y puso todas sus artes de buena anfitriona para que la pequeña fiesta que organizamos –en la que además de *Josephine* y nosotros dos también estuvieron presentes *Marcella* y *Margret*, que se habían desplazado desde Würzburg– fuera una reunión agradable.

Anna falleció el treinta y uno de octubre después de una agonía lenta, tras fallarle primero los riñones y después su ya débil corazón. Con ella morían cincuenta y tres años de relación amistosa, amorosa y armónica.

Mi carrera no habría sido posible sin su comprensión. Muchas veces pensé que difícilmente otra esposa habría sobrellevado, como ella lo hizo, las muchas horas en las que la soledad fue su única compañía.

Había dedicado los últimos meses, casi en exclusiva, a cuidar de mi esposa y tras su muerte una densa bruma se apoderó de mi espíritu. Tenía que pasar el duelo, pero el abrazo de la soledad me hacía sentir que no podría superarlo.

Creía haber estado preparado para lo que iba a ocurrir, pero en los días que siguieron al fallecimiento me sumí en un estado de aturdimiento que me impedía creer lo que realmente había sucedido.

Organizar el funeral y atender a los amigos y colegas que asistieron a él resultó doloroso, pero como contrapartida me ayudó a empezar a afrontar la realidad de lo acontecido.

El aturdimiento desapareció al cabo de unos días, pero entonces una intensa sensación de agitación y desasosiego, cada vez que la figura de *Anna* aparecía ante mis ojos, se apoderó de mí.

Los ruidos me molestaban, notaba la boca seca y una sensación de ahogo, que me hacía hiperventilar y me producía mareos y taquicardias, me acompañaba permanentemente.

Me decía a mí mismo que debía continuar viviendo porque, seguramente, eso es lo que a mi esposa le habría gustado. Sin embargo, perdí la concentración en el trabajo y las pesadillas se apoderaron de mis sueños.

Mi conciencia me dice que hice todo lo que estuvo en mi mano para atender a *Anna*. Estuve junto a ella en los momentos críticos de su larga enfermedad y al pie de su cama los últimos meses, en los que el desenlace era evidente.

Pero, cuando murió no sentí ninguna sensación de alivio. Ni siquiera porque ella dejara de sufrir. Egoístamente, habría dado lo poco que poseía para que hubiera continuado a mi lado para siempre.

Afortunadamente, *Josephine* no se separó de mí. La compañía de nuestra querida hija fue muy importante para mitigar el dolor que sentía. No necesitaba palabras de consuelo, me bastaba la cercanía de su presencia. Y, si juzgo sus largos silencios, creo que a ella le ocurría algo similar.

Han pasado más de dos años desde la muerte de mi esposa y todavía mantengo un cierto sentido de culpa por los muchos ratos que pudiendo haber estado a su lado no lo hice.

Su recuerdo permanente es mi expiación.

Recuerdos que revivo en esta querida casa de Weilheim in Oberbayern, en Baviera, en las estribaciones de los Alpes muy cerca de la frontera austriaca, en la que pasamos juntos largos periodos durante la Guerra y a la que me trasladé definitivamente hace ahora dos años.

La casa de vacaciones de Röntgen en Weilheim

Los cuidados que *Anna* precisaba fueron la razón de que las consecuencias inmediatas del Pacto de Versalles casi me pasaran desapercibidas.

Hoy, tres años después, sufro como cada uno de mis compatriotas, las vergonzosas imposiciones que los aliados impusieron a mi país.

No sé si alguna vez los vencedores en una contienda han manifestado algún rasgo de generosidad hacia los derrotados.

Desde luego, la actitud de los vencedores en el conflicto armado que acababa de concluir fue una paz vengativa que se pareció más al saqueo propio de las guerras medievales que a un ejercicio de justicia hacia los perdedores.

La mayor de las humillaciones fue aceptar un documento que obligaba a nuestro país a asumir toda la responsabilidad de la Guerra como iniciador de las hostilidades.

Como consecuencia de ello, se nos arrebató un porcentaje importante de nuestro territorio al igual que las colonias, nuestro ejército quedó reducido a una fuerza armada casi testimonial y, de manera indirecta, se nos condenó a la hambruna tras exigirnos una compensación, por los costes de la Guerra, de más de cien mil millones de marcos en oro.

En estos tres años la situación política se ha deteriorado ostensiblemente. El descontento y la pobreza han llevado a muchos ciudadanos a abrazar cualquier ideología con la esperanza de salir del caos en el que se encuentra el país.

Esos mismos ciudadanos que no se pueden permitir pagar los cuatro mil millones de marcos –aproximadamente un dólar– que cuesta un vaso de cerveza, que ven a diario como sus hijos juegan con billetes porque carecen de juguetes y que encienden sus estufas con fajos de papel moneda porque resulta más barato que comprar madera.

En fin, Alemania está sumida en un enorme caos y sólo pido a Dios que los políticos encuentren una solución que evite el riesgo de Guerra Civil, que ya muchos pronostican.

Firma del Tratado de Versalles (28/06/1919)

Billete de cien mil millones de marcos emitido el 23/10/1923

RETIRO

Llamó mi atención que en un momento de tanta penuria económica el Ayuntamiento de Lennep hubiera decidido erigir una placa en mi casa natal. Fue con motivo de mi septuagésimo quinto cumpleaños y en ella se recordaba la concesión de la ciudadanía honoraria otorgada en 1896.

Tuve conocimiento de ello por una carta del Alcalde de Lennep, que incluía una fotografía del acto oficial en el que fue colocada, y que iba dirigida al Profesor *Wilhelm Conrad Röntgen*, Jefe del Departamento de Física de la Universidad de Múnich.

Placa en la casa natal de Röntgen (27/03/1920)

Se trató, sin duda, de una de las últimas cartas que recibí en mi despacho de Múnich pues un par de meses después, todavía en plena primavera, dejé la Universidad y el Instituto de Física y me mudé definitivamente a Weilheim in Oberbayern.

Yo que, durante toda mi vida, había sido una rata de laboratorio llegué a perder todo interés por los aparatos de medición y los instrumentos de precisión. En esas condiciones lo mejor que podía hacer era renunciar.

Y eso fue lo que hice. Aun así, agradecí el ofrecimiento de mis compañeros para usar, siempre que lo deseara, el que había sido mi laboratorio. Les tomé la palabra, aunque desde entonces sólo he recurrido a él en contadas ocasiones y, casi siempre, coincidiendo con alguna visita ocasional a Múnich.

A partir de aquel momento mi vida casi ha transcurrido en un completo aislamiento voluntario, solamente roto por la correspondencia que mantengo con algunos colegas y las visitas que recibo de mi hija y de la esposa e hija de quien fuera mi mejor amigo, *Theodor Boveri*.

Cuando mi salud me lo permite –siento molestias en el abdomen desde hace ya varios años, antes incluso de morir *Anna*– paseo por el campo o me cuelgo la escopeta al hombre y salgo a cazar, afición que siempre he tenido y de la que no siempre he podido disfrutar todo lo que hubiera deseado.

Tengo un pequeño huerto.

Quién me lo hubiera dicho veinte años atrás cuando únicamente visitaba el invernadero de nuestra casa de Würzburg de manera ocasional. Pero, al igual que a muchos alemanes, sobre todo en las periferias de las grandes ciudades, las dificultades para encontrar alimentos me llevaron a dedicar un pequeño terreno a este menester. Al menos no me faltan patatas y verduras.

En las ocasiones en las que las molestias abdominales aumentan y me dificultan el trabajo físico, e incluso el caminar, dedico el tiempo a la lectura y a repasar mi vida, como ahora mismo hago.

El profesor *Ernst Ferdinand Sauerbruch*, cirujano y catedrático en Múnich, lleva varios años insistiéndome en que debería operarme. Mientras *Anna* estaba enferma no podía hacerlo pues debía dedicarle todo el tiempo a ella, y ahora, francamente, no creo que merezca la pena pues no puede quedar mucho tiempo para que me reúna con ella.

Ernst Ferdinand Sauerbruch

El año pasado recibí un ofrecimiento para viajar a Italia, donde estaban dispuestos a concederme la ciudadanía honoraria. No pude aceptar. No sé si lo hice porque no podía abandonar Alemania y a mis compatriotas, en momentos tan difíciles, o porque ya me había acostumbrado a comer patatas y verduras.

Si acepté sin embargo viajar a Suiza, país al que tanto amaba y debía. Me suponía realizar un gran esfuerzo hacerlo sin *Anna,* pero me decidí precisamente porque sabía que a ella le hubiera gustado que lo hiciera, de la misma manera que yo hubiera dado cualquier cosa porque ella lo hubiera podido hacer junto a mí.

Cómo había echado en falta durante los últimos años, verano tras verano, las regiones de alta montaña en las que tantas horas felices había pasado junto a *Anna*, *Josephine* y nuestros amigos.

Pasé la mayor parte del verano en Pontresina y Lenzerheide, y aproveché también para visitar en Zúrich a algunos familiares de *Anna* a los que no había visto desde antes del inicio de la Guerra.

Fue un viaje cargado de emotividad que me hizo darme cuenta del respeto y cariño que también nuestros amigos suizos habían sentido y seguían sintiendo por mi esposa.

Regresé a Weilheim con la invitación formal de volver este verano próximo a Lenzerheide y con la promesa, por mi parte, de que lo haría si me encontraba bien de salud. El tiempo lo dirá.

La verdad es que invitaciones no me faltan. Hace tan sólo unos días, *Marcella* y *Margret* –en una carta en la que la hija de mi mejor amigo mostraba unas dotes extraordinarias para la escritura–, supongo que preocupadas por mi creciente enclaustramiento, me animaban a desplazarme a Würzburg el verano próximo.

Margret Boveri

A vuelta de correo fui yo quien les hice la sugerencia de que, en caso de que finalmente me encontrara bien para emprender un viaje, fueran ellas las que se desplazaran a Suiza en mi compañía y en la de mi hija. Ello me satisfaría enormemente.

Pero para ello faltan todavía unos meses. En tanto llega ese momento, o por si acaso no llega, mi intención es dedicar parte del tiempo a poner en orden todos los documentos importantes que he almacenado a lo largo de mi vida y a revisar mis disposiciones testamentarias.

Curiosamente, hoy, mientras ojeaba las comunicaciones que con motivo del descubrimiento de los nuevos rayos presenté en la Sociedad Físico-Médica de Würzburg, he recibido una carta de un colega de Múnich en la que me informa de unas investigaciones que, de confirmarse, podrían despejar la única incógnita que aún persiste en relación con la naturaleza de ese tipo de rayos.

La certeza de que estos rayos presentaban una naturaleza ondulatoria, del mismo tipo que la luz visible, no permitía explicar su capacidad para ionizar la materia dado que esta propiedad llevaba a pensar que estaban constituidos por partículas o, en el mejor de los casos, que se comportaban como si lo fueran.

Según mi colega, un equipo de la Universidad de Chicago dirigido por un jovencísimo físico llamado *Arthur Compton* lleva algún tiempo realizando una serie de experimentos bombardeando bloques de carbón con rayos X.

Por lo que parece *Compton* ha observado que, al chocar con el bloque, los rayos X no sólo se dispersan en direcciones distintas, sino que a medida que el ángulo de dispersión de los rayos aumenta lo hace también su longitud de onda.

El físico estadounidense, apoyándose en la teoría cuántica según la cual la luz está formada por pequeños paquetes de energía denominados cuantos, viene a afirmar que este efecto se produce porque un cuanto de rayos X, al chocar contra un electrón de la materia sobre la que incide, se comporta como una partícula material y por ello la energía cinética que el cuanto comunica al electrón conlleva una pérdida de su energía original, y por ello un aumento de su longitud de onda.

Arthur Compton en 1927

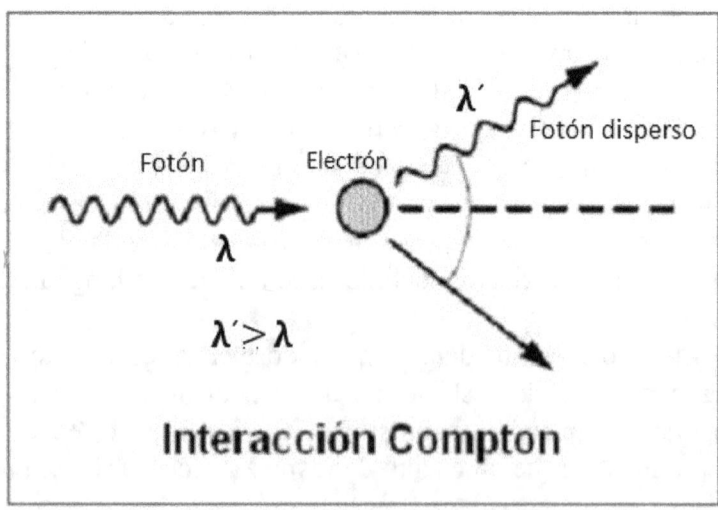

De terminar confirmándose, el fenómeno tendría una enorme relevancia científica pues no podría ser explicado simplemente por medio de la naturaleza ondulatoria de la luz y vendría a demostrar que la radiación electromagnética presenta propiedades tanto de ondas como de partículas.

De ser así, en un periodo inferior a treinta años se habría sabido todo sobre la naturaleza de aquellos a los que yo en 1895 denominé rayos X. Aunque, en física, decir todo es mucho decir.

Siempre he sido un hombre previsor. Redacté testamento hace ya algunos años, cuando todavía *Anna* vivía, y ahora que mi existencia a buen seguro está llegando a su fin tengo intención de hacer alguna pequeña modificación respecto al documento original.

El fallecimiento de mi esposa, el hecho de tener una única descendiente y las desgraciadas consecuencias de la Guerra, que han convertido el papel moneda en papel mojado, simplificarán enormemente esa revisión.

Mi intención es utilizar las dos fórmulas válidas que la legislación de mi país reconoce a la hora de otorgar testamento ante notario. Por un lado, expresar mi última voluntad de manera verbal. Por otro, entregar un nuevo documento ológrafo al notario, escrito de mi puño y letra, que instituya a mi única hija como heredera de todos mis bienes.

En estos últimos días estoy dedicando parte del tiempo a releer y revisar la multitud de correspondencia que a lo largo de los años he mantenido con colegas y amigos.

Bien sea por la importancia de su contenido o por la amistad que me una al remitente, algunas de las cartas las conservo. Sin ningún tipo de nostalgia, las demás las quemó en la chimenea del salón, toda vez que ya cumplieron su labor, fuera esta cualquiera que hubiera sido.

Aquellas que decido conservar, además de algunos documentos personales, me harán compañía hasta el momento de mi muerte para recordarme quién fui y lo que en este mundo hice.

Nunca he aireado mis relaciones personales puesto que siempre he entendido que formaban parte del ámbito privado y a nadie interesaban.

Incluso cuando alguna vez concedí alguna entrevista, mayormente con motivo del descubrimiento y la entrega del Nobel, siempre ceñí mis respuestas a mi trabajo investigador.

Es por ello que, una vez que el Señor me llame a su lado, además de incinerar mis restos es mi deseo que toda esta documentación, incluidos los párrafos que ahora mismo estoy escribiendo, sea destruida de la manera que se crea más conveniente.

En todo caso, quien quiera conocer sobre mí o sobre mi trabajo tiene a su disposición los cincuenta y ocho trabajos científicos que he publicado a lo largo de mi vida.

Si hay algo interesante o importante sobre mí, quien lo desee puede encontrarlo en ellos.

Esta es mi última voluntad y así lo dejaré escrito en mi testamento. Sólo resta que sea respetada.

Y aunque la Guerra y sus consecuencias han resquebrajado dolorosamente mi confianza en el ser humano, no albergo ninguna duda de que así se hará.

EPÍLOGO

Wilhelm Conrad Röntgen padeció, incluso en vida de su esposa *Anna Bertha*, problemas intestinales que fueron progresando y que terminarían siendo diagnosticados a principios de 1923 como un cáncer de colon terminal.

Una vez conocido el diagnóstico, *Ernst Ferdinand Sauerbruch*, considerado uno de los más importantes e influyentes cirujanos de la primera mitad del siglo XX, le planteó la posibilidad de ser operado y de nuevo el físico alemán rechazó esa opción.

Röntgen falleció en la ciudad de Múnich el día 10 de febrero de ese mismo año, cuando estaba a punto de cumplir setenta y ocho años.

Al día siguiente los periódicos de la capital bávara publicaban una breve nota en la que podía leerse lo siguiente:

"*Al amanecer de hoy murió después de una corta enfermedad, a la edad de setenta y siete años, el Profesor Doctor Wilhelm Conrad Röntgen*".

A buen seguro, la concisión de la noticia y su sencillez le habrían satisfecho, de haber podido leerla.

El día trece, siguiendo sus últimas voluntades, su cadáver junto con su correspondencia y otros documentos fueron incinerados en el *Ostfriedhof*, Cementerio del Barrio Este de Múnich.

Cementerio del Barrio Este de Múnich

En el acto, sencillo como a él le hubiera gustado, sólo estuvieron presentes unas pocas personas, entre familiares, colegas y amigos.

Nueve meses más tarde, el diez de noviembre, sus cenizas fueron trasladadas al *Alten Friedhof* (Cementerio Viejo) de Giessen donde reposan junto a los restos de sus padres y esposa.

Tumba de la familia Röntgen en Giessen

Lápida de la tumba de Röntgen

Sus documentos personales habían sido destruidos, según su voluntad, y sus cenizas reposaban junto a los de su esposa *Anna*. A buen seguro, ese día *Röntgen* "fue" un hombre feliz. En muchas ocasiones se ha dicho de *W. C. Röntgen* que, más allá de la genialidad del descubrimiento que realizó, habría que destacar de él su rectitud moral y humildad.

Con toda seguridad, fueron seguramente esas dos cualidades las que hicieron de él un hombre que, alejado de los focos del éxito y la fama, encontró la felicidad entre los útiles y aparatos de su laboratorio.

Pero más allá de esas virtudes como ser humano, *Wilhelm Conrad Röntgen* fue un científico creativo y multidisciplinario que, además de haber sido condecorado con la Medalla *Rumford* concedida por la *Royal Society*, la Medalla *Matteucci* de la Academia Nacional de Ciencias de Italia, la Medalla *Elliot Cresson* otorgada por el Instituto *Franklin*, el Premio Nobel de Física y la Medalla de Honor *Helmholtz*, fue miembro de la Academia Prusiana de las Ciencias –conocida también como Academia de Berlín–, la Academia de Ciencias de Baviera, la Real Academia de las Ciencias de Suecia, la Academia Nacional de Medicina de París y la Real Academia de Artes y Ciencias de los Países Bajos.

Un mes después del traslado de sus cenizas al cementerio de Giessen en el Instituto de Física de la Universidad de Würzburg se inauguró la Sala Conmemorativa de *Röntgen*, un memorial en el que se encuentra su biblioteca y algunas de las distinciones científicas más importantes que le fueron concedidas.

En 1923, el físico norteamericano *Arthur Holly Compton* descubrió el denominado *Efecto Compton*, o lo que es lo mismo el aumento de longitud de onda que se produce cuando la radiación electromagnética es dispersada al chocar con los electrones de la materia.

Ello confirmaba que la radiación electromagnética, y por ello los rayos X, presentaba propiedades tanto de onda como de partícula, siendo este uno de los pilares fundamentales de la teoría cuántica.

En 1928 y en su honor se le dio el nombre de *Roentgen* a la unidad de medida de la exposición a la radiación.

El 30 de noviembre de 1930 en Lennep, su ciudad natal, se levantó un monumento simbólico denominado *El Genio de la Luz,* esculpido por el arquitecto y escultor *Arno Breker.*

"El Genio de la Luz" en honor a Röntgen

Dos años después, en junio de 1932, por iniciativa del Profesor *Dr. Paul Krause* —expresidente de la *Deutsche Gesellschaft für Radiologie*–, tuvo lugar la fundación del *Deutches Röntgen Museum* a escasos doscientos metros de la casa en la que el físico alemán vino al mundo.

Museo Röntgen en Lennep, ciudad natal del físico alemán

En 1985, la casa natal de *Röntgen* se anexó al Museo. Actualmente constituye su biblioteca y alberga una gran colección de obras de Radiología y material de archivo.

En Würzburg, ocupando el vestíbulo, los pasillos y dos salas de laboratorio del antiguo Instituto de Física de su Universidad se encuentra el *Röntgen-Gedächtnisstätte* (*Röntgen Memorial*) que contiene una exposición de instrumentos y documentos históricos, algunos de los cuales fueron utilizados o pertenecieron al físico alemán.

Memorial Röntgen en Würzburg

Tubos de vacío y bobina de Ruhmkorff en el Memorial Röntgen

Desde 1962, en Giessen puede contemplarse una escultura –realizada por el profesor, pintor y escultor Erich Fritz Reuter– que rinde homenaje a quien durante nueve años fue profesor de su Universidad.

En noviembre de 2004, y en su honor, se denominó *roentgenio* al elemento químico de número atómico 111, que había sido descubierto en 1994 por científicos alemanes.

Un cráter lunar, un pico en la Antártida y el asteroide 6401 llevan también su nombre.

Además, desde 2012, a iniciativa entre otros de la Sociedad Europea de Radiología (*ESR*), la Sociedad Radiológica de Norteamérica (*RSNA*) y el Colegio Estadounidense de Radiología (*ACR*) y en reconocimiento a su enorme y beneficioso legado, el 8 de noviembre se conmemora el Día Internacional de la Radiología.

ANEXO I

Cronología Vida Röntgen

1845.-Nace el veintisiete de marzo en Remscheid-Lennep (Renania Alemania).
Fue hijo único del matrimonio formado por *Friedrich Conrad Röntgen*, acaudalado artesano y comerciante textil, y *Charlotte Constanze Frowein*.

1848.- La familia se traslada a Apeldoorn (Holanda).

1862.- Se matricula en la Escuela Técnica de Utrecht.
A causa de una caricatura de un profesor, que al parecer no realizó, es expulsado antes de que termine el primer curso.

1865.- Se traslada a Zúrich y comienza sus estudios en la Escuela Politécnica de esta ciudad suiza.

1866.- Conoce a *Anna Bertha Ludwig*, joven holandesa con la que contraerá matrimonio seis años después.

1868.- Se gradúa como Ingeniero Mecánico en la Escuela Politécnica de Zúrich.
Realiza sus primeros trabajos sobre gases como asistente de *August Kundt*.

1869.- Se compromete con *Anna Bertha Ludwig*.
Obtiene el título de Doctor en el Departamento de Filosofía de la Universidad de Zúrich.

1870.- Viaja a Würzburg como asistente de *August Kundt*, con la esperanza de obtener un puesto en la Universidad.

Ve la luz su primer trabajo en el que se ocupa del calentamiento específico de los gases.

1872.- El dia 19 de enero contrae matrimonio con *Anna Bertha* en Apeldoor, Holanda.
Es rechazado como profesor en la Universidad de Würzburg al considerar que su formación no es la adecuada.

1872-1875.- Trabaja tres años como docente en la Universidad de Estrasburgo junto al profesor *Kundt*.
En 1873 viaja a Suiza de vacaciones por primera vez, hecho que posteriormente repetirá todos los años desde 1881 a 1913.
Josephine Bertha Ludwig, sobrina de *Anna Bertha* que años después será adoptada por el matrimonio *Röntgen*, les acompañará en estos viajes entre 1891 y 1908.

1875-1876.- Obtiene la plaza de Profesor Ordinario de Matemáticas y Química en la Academia Agrícola de Hohenheim, cercana a Stuttgart, cargo en el que permanecerá sólo año y medio.

1876-1879.- Regresa a Estrasburgo como *Privat Dozent* (Profesor extraordinario) de Física Teórica y allí permanece tres años.

1879.- Es nombrado Profesor de Física en la Universidad de Giessen, ciudad en la que permanecerá por espacio de nueve años.

1887.- Se produce el fallecimiento del único hermano de *Anna Bertha* y de su esposa.
El matrimonio *Röntgen* adopta a la pequeña *Josephine Bertha Ludwig*, de tan sólo seis años de edad.

1888.- La Universidad de Utrecht, que años atrás no lo había aceptado como alumno, le ofrece la Cátedra de Física. *Röntgen* rechaza el ofrecimiento.
Es nombrado Profesor de Física y Director del Instituto de Física de la Universidad de Würzburg.

1894.- Es elegido Rector de la Universidad de Würburg para el curso académico 1894-1895.

1895.- El día ocho de noviembre tiene lugar el descubrimiento de los rayos X (o rayos Röntgen como se les conoce en Alemania).
El veintiocho de diciembre, *Röntgen*, presenta una comunicación preliminar a la Sociedad de Físico-Médica de Würzburg (Sobre un nuevo tipo de rayos).

1896.- A los pocos días del descubrimiento ofrece una demostración sobre los nuevos rayos ante el Kaiser Guillermo II, en Berlín.
El veintitrés de enero, en la Sociedad Físico-Médica de Würburg, tiene lugar la primera demostración pública del descubrimiento. En ella *Röntgen* pidió a *Albert von Kölliker*, anatomista de la Universidad de Würzburg, permiso para radiografiar su mano.
El nueve de marzo *Röntgen* presenta una segunda comunicación en la que trata sobre la descarga de los cuerpos electrizados por la acción de los rayos X.
En el mes de mayo, *Thomas Alva Edison* monta un espectáculo sobre los *rayos Röntgen* en la Exposición de Luz Eléctrica, en la ciudad de Nueva York.

1897.- En el mes de mayo publica su tercera comunicación sobre los rayos X (Nuevas observaciones acerca de las propiedades de los rayos X).

1900.- Es nombrado Profesor de Física de la Universidad de Múnich y Director del Nuevo Instituto de Física de la capital bávara.

1901.- La Academia de Ciencias de Suecia le concede el primer Premio Nobel de Física.
Recibe la Orden Real del Mérito de la Corona Bávara.
Philipp Lenard se declara su enemigo al no ser premiado con el Nobel.

1904.- *Thomas Alva Edison* clausura su espectáculo con rayos X después de que su asistente principal, *Clarence Dally*, muriera a causa de las quemaduras y lesiones provocadas por los rayos X.

1905.- *Philipp Lenard* obtiene el Premio Nobel de Física por sus investigaciones sobre los rayos catódicos y el descubrimiento de muchas de sus propiedades.
A pesar de ello, *Lenard* mantiene su pretensión de que se le reconozca la autoría del descubrimiento de los rayos X.

1913-1922.- En 1913 a causa de la inestabilidad política, y posteriormente debido a la Gran Guerra y sus consecuencias, deja de viajar a Suiza durante los veranos, rutina que venía repitiendo año tras año desde 1881.
Regresará al país helvético durante el verano de 1921, invitado por sus amigos suizos, y lo hará también el verano de 1922.

1914.- *Max von Laue* demuestra la naturaleza electromagnética de los rayos X.
Estalla la Primera Guerra Mundial y al poco tiempo se traslada a una casa de campo que tenía en Weilheim in Oberbayern, en los Alpes Bávaros, cerca de Múnich.

A los pocos meses de comenzar la Guerra, tras la acusación a Alemania de invadir Bélgica y destruir Lovaina, firma el llamado "*Manifiesto de los 93*".

1919.- El treinta y uno de octubre fallece *Anna Bertha*, después de varios años de dolorosa enfermedad.
Tras el final de la Guerra, las sanciones impuestas a Alemania producen una hiperinflación que hace que el marco se hunda y se produzca una crisis económica sin precedentes.

1920.- Deja el cargo de Profesor de Física de la Universidad de Múnich, aunque sigue disponiendo de un laboratorio a su disposición.

1923.- *Arthur Compton* descubre que la radiación electromagnética, y por esa razón los rayos X, aumenta su longitud de onda tras chocar con los electrones y sufrir un proceso de dispersión. Ello vino a demostrar que la radiaciones electromagnéticas podian comportarse como ondas y como partículas.

1923.- *Röntgen* muere en Múnich, el día diez de febrero.
Sus restos mortales se incineraron tres días después en el Cementerio del Barrio Este de Múnich.
Siguiendo sus instrucciones, su correspondencia personal y otros documentos fueron destruidos.
Posteriormente sus cenizas fueron trasladadas al Antiguo Cementerio de Giessen, donde estaban enterrados sus padres y su esposa.

ANEXO II

Ueber eine neue Art von Strahlen (Vorläufige Mittheilung)

Sobre un nuevo tipo de rayos (Comunicación Preliminar)

WILHELM CONRAD RÖNTGEN

"1. Si la descarga de un carrete de inducción de buen tamaño se hace pasar a través de un tubo evacuado de *Hittorf*, o a través de un tubo de *Lenard*, de una ampolla de *Crookes* o de otro aparato semejante que haya sido suficientemente evacuado, estando el tubo cubierto con un delgado cartón negro que lo ciñe con suficiente precisión y si el conjunto se coloca en un cuarto completamente obscuro, se observa, a cada descarga, una brillante iluminación de una pantalla de papel recubierto con platinocianuro de bario, colocada en las inmediaciones de la bobina de inducción, siendo la fluorescencia así producida completamente independiente del hecho de si el lado sensibilizado, o el reverso, se vuelve hacia el tubo de descarga.

Esta fluorescencia es visible aun estando la pantalla de papel a una distancia de dos metros del aparato.

Es fácil comprobar que la causa de la fluorescencia emana del aparato de descarga y no de otro punto cualquiera del circuito conductor.

2. Lo más sorprendente de este fenómeno es el hecho de que aquí un agente activo pasa a través de una cubierta de cartón negro, la cual es opaca para los rayos visibles y ultra-

violetas del sol y del arco eléctrico; agente que, además, tiene el poder de producir fluorescencia. Por lo tanto, investigaremos, ante todo, el asunto de si otros cuerpos también poseen esta propiedad.

Pronto descubrimos que todos los cuerpos son trasparentes para tal agente, aunque en grado muy distinto.

Paso a dar unos pocos ejemplos: el papel es muy trasparente; detrás de un libro empastado, de unas mil páginas, vi la pantalla fluorescente iluminarse con gran brillo, ofreciendo la tinta de imprenta escasamente un obstáculo perceptible. De la misma manera, la fluorescencia aparecía detrás de un doble paquete de naipes; una sola carta, sostenida entre el aparato y la pantalla, era casi imperceptible para el ojo.

Una hoja sencilla de papel de estaño es, también, casi imperceptible. Sólo después de haber colocado varias capas, una sobre otra, su sombra se hace distintamente visible en la pantalla.

Gruesos bloques de madera son, también, trasparentes, ofreciendo las tablas de pino de dos o tres centímetros de espesor sólo una ligera absorción.

Una plancha de aluminio, de unos quince milímetros de espesor, a pesar de debilitar seriamente la acción, no hizo desaparecer la fluorescencia por completo.

Hojas de caucho duro, de varios centímetros de espesor, todavía permiten el paso de los rayos.

Las placas de vidrio del mismo grosor se comportan de muy distinto modo, según contengan plomo (vidrio *flint*) o no; las primeras son mucho menos trasparentes que las últimas.

Si se coloca la mano entre el tubo de descarga y la pantalla, la sombra, más obscura, de los huesos, se ve dentro de la ligeramente obscura silueta de la mano.

El agua, el bisulfuro de carbono y varios otros líquidos, examinados en vasijas de mica, aparecen también trasparentes. No me ha sido posible descubrir que el hidrógeno sea, en grado considerable, más trasparente que el aire.

Detrás de planchas de cobre, plomo, oro y platino, la fluorescencia puede reconocerse aún, siempre que el espesor de las planchas no sea demasiado grande. El platino, en un espesor de dos décimas de milímetro, es aún trasparente; las planchas de plata y cobre pueden ser todavía más gruesas.

El plomo, en un espesor de un milímetro y medio, es prácticamente opaco y debido a esta propiedad este metal es con frecuencia muy útil. Una varilla de madera de sección cuadrada (20 X 20 milímetros) uno de cuyos lados se pinta de blanco con pintura de plomo, se comporta de manera diferente según la forma en que se coloque entre el aparato y la pantalla. Su acción es casi nula cuando los rayos X lo atraviesan paralelamente al lado pintado, en tanto que la varilla proyecta una sombra obscura cuando se hace que los rayos la atraviesen perpendicularmente al lado pintado.

En serie similar a la de los metales puros, sus sales pueden ordenarse con respecto a su trasparencia, ya sea en forma sólida o en solución.

3. Los resultados de las experiencias mencionadas y otras llevan al resultado de que la permeabilidad de las distintas sustancias, suponiendo que el espesor del estrato es igual, depende directamente del espesor: ninguna otra propiedad se hace tan notoria como ésta.

Que el espesor no es la única propiedad dominante es demostrado por las siguientes experiencias. Yo examiné con respecto a su permeabilidad placas del mismo espesor de vidrio, aluminio, cuarzo y carbonato cálcico. El espesor de estas sustancias resultó ser parecido y sin embargo se demostró que el carbonato cálcico es mucho menos permeable que los demás cuerpos que se comportaron en forma parecida. Una fluorescencia bastante fuerte del carbonato cálcico en comparación al vidrio no fue denotada.

4. Con el aumento de grosor todos los cuerpos se vuelven menos permeables. Para quizás establecer una relación entre la permeabilidad y el espesor del estrato hice fotografías, en las cuales las placas fotográficas estaban cubiertas en parte con capas de estaño de un aumento gradual de laminillas. Una medición fotométrica será realizada cuando se encuentre en mi poder un fotómetro.

5. De platino, plomo, zinc y aluminio fueron preparadas, mediante prensas, planchas de tal grosor que todas parecían casi igualmente permeables.

La siguiente tabla muestra el espesor medido en mm, el espesor relativo en relación con el de la lámina de platino y la densidad.

	Espesor	Espesor Relativo	Densidad
Pt.	0,018	1	21.5
Pb.	0,05	3	11.3
Zn.	0,10	6	7.1
Al.	3,5	200	2.6

De estas cifras es posible comprobar que la permeabilidad de los distintos metales no es igual, si el producto de espesor y densidad es el mismo. La permeabilidad aumenta en mayor medida que la disminución de ese producto.

6. La fluorescencia del platino cianuro de bario no es el único resultado reconocible de los rayos X. Por de pronto hay que mencionar que también otros cuerpos presentan fluorescencia. Por ejemplo, vidrio de uranio, vidrio común, carbonato cálcico y sal gema.

En algunos aspectos resulta de particular importancia el hecho de que las placas fotográficas secas sean sensibles a los rayos X. Siempre que ha sido posible, he registrado en una fotografía cualquier observación importante que había observado en la pantalla fluorescente.

Al mismo tiempo, la propiedad de los rayos de poder pasar casi sin obstáculos a través de capas más delgadas de madera, papel y estaño, es muy atractiva. Es posible hacer las grabaciones con la placa fotográfica encerrada en el casete o en una envoltura de papel en la habitación iluminada.

Por otro lado, esta propiedad también tiene la consecuencia de que no se puede permitir que las placas vírgenes permanezcan durante mucho tiempo cerca del aparato de descarga, protegidas por el sobre convencional de tapa de cartón y papel.

La acción química sobre las sales de plata de la placa fotográfica se ve directamente afectada por los rayos X. Es posible que este efecto se deba a la luz fluorescente que, como se indicó anteriormente, se produce en la placa de vidrio, o tal vez en la capa de gelatina. Por cierto, las "películas" se pueden usar tan bien como las placas de vidrio.

7. Después de reconocer la permeabilidad de varios cuerpos de grosor relativamente grande, me apresuré a averiguar cómo se comportan los rayos X al pasar a través de un prisma, ya sea que estén desviados o no.

Los experimentos con agua y disulfuro de carbono en prismas de mica de aproximadamente 30° de ángulo de refracción no han revelado ninguna distracción ni en la pantalla fluorescente ni en la placa fotográfica.

A modo de comparación, en las mismas condiciones, se observó la desviación de los rayos de luz. Las imágenes desviadas estaban en la placa a unos 20 mm de distancia de los no desviados.

Hasta ahora, los experimentos con prismas de metales más densos no han ofrecido resultados fiables debido a la baja permeabilidad y, en consecuencia, a la baja intensidad de los rayos transmitidos.

En vista de esta situación, por un lado, y la importancia de la cuestión de si los rayos X pueden romperse o no durante la transición de un medio a otro, es muy interesante que esta cuestión pueda examinarse de otra manera que con la ayuda de prismas.

8. La cuestión de la reflexión de los nuevos rayos debe considerarse por los experimentos del párrafo anterior como que significa que no se produce una reflexión regular notable de los rayos en ninguna de las sustancias examinadas. Otros intentos condujeron al mismo resultado.

Mientras tanto, debe mencionarse una observación que, a primera vista, parece demostrar lo contrario:

Expuse una placa fotográfica protegida de los rayos de luz por papel negro, con el lado de vidrio frente al aparato de descarga de los rayos X. La capa sensible estaba cubierta con una disposición en forma de estrella, excepto por una parte que permaneció libre, con placas desnudas de platino, plomo, zinc y aluminio.

En el negativo desarrollado se puede ver claramente que el ennegrecimiento bajo el platino, el plomo y especialmente bajo el zinc es más fuerte que en otros lugares; el aluminio no tuvo efecto. Por lo tanto, parece que los tres metales mencionados reflejan los rayos.

Sin embargo, otras causas del mayor ennegrecimiento serían concebibles, y para estar completamente seguro, en un segundo experimento coloqué entre la capa sensible y las placas de metal un trozo de lámina delgada de aluminio que es impermeable a los rayos ultravioleta pero muy permeable a los rayos X.

Dado que esencialmente se obtuvo nuevamente el mismo resultado, se detecta un reflejo de rayos X en dichos metales.

Como no he podido detectar ninguna refracción en la transición de un medio a otro, parece que los rayos X se mueven a la misma velocidad en todos los cuerpos.

9. Sería posible que la disposición de las partículas en un cuerpo ejerciera una influencia sobre la permeabilidad del mismo.

Por ejemplo, la permeabilidad de dos trozos de calcita del mismo grosor sería distinta si uno se irradia en la dirección del eje longitudinal y el otro en dirección perpendicular al anterior.

Sin embargo, los experimentos con calcita y cuarzo han dado resultado negativo.

10. Es bien sabido que *Lenard,* en sus interesantísimos experimentos con los rayos catódicos de *Hittorf* transmitidos a través de una delgada lámina de aluminio, llegó a la conclusión de que estos rayos son procesos en el éter y que son difusos en todos los cuerpos. Hemos podido decir algo similar sobre nuestros rayos.

Los otros cuerpos se comportan de manera similar al aire: son más permeables a los rayos X que a los rayos catódicos.

11. Otra diferencia muy notable en el comportamiento de los rayos catódicos y los rayos X radica en el hecho de que, a pesar de mucho esfuerzo, no he podido obtener ninguna desviación de los rayos X por parte del imán, incluso en campos magnéticos muy fuertes.

Sin embargo, la desviabilidad del imán se ha considerado hasta ahora un rasgo característico de los rayos catódicos. Es cierto que *Hertz* y *Lenard* observaron que existen diferentes tipos de rayos catódicos, que se distinguen por "su producción de fosforescencia, capacidad de absorción y distracción por el imán", pero se percibió una distracción considerable en todos los casos estudiados, y yo no.

12. Según los experimentos llevados a cabo es seguro que la posición de la pared del aparato de descarga que fluoresce más fuertemente debe considerarse como el principal punto

de partida de los rayos X que se propagan en todas las direcciones.

Los rayos X comienzan así desde el punto donde, según varios investigadores, los rayos catódicos golpean la pared de vidrio. Si uno desvía los rayos catódicos dentro del aparato de descarga por un imán, entonces ve que también los rayos X surgen de otro lugar.

Por lo tanto, llego al resultado de que los rayos X no son idénticos a los rayos catódicos, sino que son generados por los rayos catódicos en la pared de vidrio del aparato de descarga.

13. Esta producción no tiene lugar solo en vidrio sino que como observé en un aparato cerrado con una lámina de aluminio de 2 mm de espesor también en este metal. Otras sustancias serán investigadas más tarde.

14. El permiso para usar el nombre "rayos" para el agente que emana de la pared del aparato de descarga se deriva, en parte, de la formación de sombras bastante regular que aparece cuando el instrumento se coloca entre el aparato y la pantalla fluorescente o la placa fotográfica.

Muchas de estas siluetas han sido observadas y parcialmente grabadas fotográficamente.

Fotografías de las sombras de los perfiles de una puerta que separa las habitaciones, en las cuales, por un lado, se instalaron el aparato de descarga y, por otro lado, la placa fotográfica; de las sombras de los huesos de la mano; de la sombra de un alambre enrollado en una bobina de madera; un conjunto de pesas encerradas en una caja; una brújula, en la cual la aguja magnética está totalmente cerrada por metal; una pieza de metal cuya inhomogeneidad es notable por los rayos X, etc.

La prueba de la propagación lineal de los rayos X sigue siendo una fotografía de un agujero que he podido hacer con el aparato de descarga envuelto en papel negro; la imagen es débil pero inequívocamente correcta.

15. Busqué mucho los efectos de interferencia de los nuevos rayos, pero desafortunadamente, tal vez solo por su baja intensidad, sin éxito.

16. Los intentos realizados por determinar si las fuerzas electrostáticas pueden afectar los rayos X de alguna manera han comenzado, pero aún no están completos.

17. Al considerar el problema sobre la naturaleza de los Rayos X, los cuales como hemos visto no pueden ser rayos catódicos, nos podría llevar a pensar que se tratara de luz ultravioleta, debido tanto a su activa fluorescencia como a sus acciones químicas.

Pero, al obrar así, nos encontramos en oposición con consideraciones de gran peso. Si los rayos X son luz ultravioleta, esta luz debe tener las siguientes propiedades:

a) Al pasar del aire al agua, bisulfuro de carbono, sal de roca, vidrio, zinc; etc., no sufre una apreciable refracción.

b) Por ninguno de los cuerpos mencionados puede ser reflejada en grado apreciable.

c) No puede ser polarizada por ninguno de los métodos ordinarios.

d) Su absorción no es influenciada por ninguna otra propiedad de las substancias ni tampoco por su densidad.

Es decir, debemos suponer que estos rayos ultravioletas se comportan de una manera completamente distinta de los rayos ultrarrojos, visibles y ultravioletas conocidos hasta hoy.

No he podido llegar a esta conclusión y, por consiguiente, he buscado otra explicación.

Parece existir cierto género de afinidad entre los nuevos rayos y los rayos luminosos; por lo menos así lo indica la formación de sombras, la fluorescencia y la acción química producida por ambos.

Ahora bien, sabemos, desde hace largo tiempo, que puede haber en el éter vibraciones longitudinales además de las vibraciones luminosas transversales y, según la opinión de diferentes físicos, estas vibraciones tienen que existir. Su existencia, es verdad, no ha sido comprobada hasta el presente y, por lo tanto, sus propiedades no han sido investigadas mediante experimentación.

¿No deben, por consiguiente, los mismos rayos ser atribuidos a vibraciones longitudinales en el éter?

Debo confesar que en el curso de la investigación he llegado a confiar más y más en la exactitud de esta idea y, por lo tanto, me permito anunciar esta conjetura, aunque me doy cuenta perfectamente de que la explicación dada necesita todavía mayor confirmación".

NOTA: Se han eliminado algunos párrafos con la intención de dar fluidez al texto, facilitar su lectura y ayudar a su comprensión.

Fuentes:
Guzmán, Leonardo. - La vida de *Wilhelm Röntgen* y su influencia en el progreso de la medicina. Ediciones Revista Atenea. Universidad de Concepción (Chile). Noviembre de 1965.
Jaramillo Madariaga, G.- *Roentgen* y *Becquerel*. Medellín, enero de 1946.
Sociedad Físico-Médica de Würzburg. - Actas. Librería *Stahel*, Würburg.

ANEXO III

Al mundo civilizado

Por profesores de Alemania

Como representantes de las ciencias y las artes alemanas, los abajo firmantes, nos dirigimos al mundo civilizado para protestar contra las mentiras y calumnias con las que nuestros enemigos están tratando de manchar el honor de Alemania en la ardua lucha que nos han impuesto y que amenaza nada menos que nuestra existencia.

La implacable realidad de los hechos se ha encargado de refutar la mentirosa propaganda que solo anunciaba derrotas alemanas, aunque ahora se emplean con mucho más ardor para falsear la verdad y hacernos odiosos. Contra esto protestamos levantando nuestra voz, que es la voz de la verdad.

No es verdad que Alemania sea culpable de haber provocado esta guerra. Ni el Pueblo, ni el Gobierno, ni el Emperador la querían. Alemania hizo cuanto pudo por evitarla; de esta afirmación el mundo tiene pruebas fehacientes. No han sido pocas las ocasiones, durante los veintiséis años de su reinado, en que *Guillermo II* ha demostrado ser un defensor de la paz, hecho que incluso nuestros enemigos han reconocido. Es más, incluso cuando el *Káiser*, a quien ahora osan llamar Atila, ha sido ridiculizado por ellos durante años por su inalterable empeño en mantener la paz mundial. Hasta que no ha sido amenazado y después atacado a traición por tres grandes potencias, nuestro pueblo no se ha levantado como un solo hombre.

No es verdad que hayamos violado las fronteras de la Bélgica neutral. Tenemos la prueba irrefutable de que Francia e Inglaterra habían acordado esa intrusión, y ha sido igualmente probado que Bélgica ha convenido en que así lo hicieran. Hubiera sido un suicidio por parte de nuestra patria no haberse anticipado a este hecho.

No es verdad que la vida o la propiedad de un solo ciudadano belga hayan sido vulneradas por nuestros soldados sin que la defensa propia lo haya hecho amargamente necesario; una y otra vez, a pesar de las repetidas advertencias, los ciudadanos se han emboscado, disparando a nuestras tropas fuera de sus casas, mutilando a los heridos y asesinando a sangre fría a los médicos mientras llevaban a cabo su labor humanitaria. No puede haber mayor infamia que la ocultación de estos crímenes mediante el intento de hacer a los alemanes culpables de ellos, tan solo por haber castigado justamente a los asesinos por tan retorcidos actos.

No es verdad que nuestras tropas actuaran brutalmente en Lovaina. Sus habitantes coléricos cayeron a traición sobre ellas en sus cuarteles y nuestras tropas se vieron obligadas, a su pesar, a tomar represalias y bombardear una parte de la ciudad. La mayor parte de Lovaina ha sido respetada. El famoso edificio del Ayuntamiento permanece intacto; con gran sacrificio, nuestros soldados lo salvaron de las llamas. Por supuesto, todos los alemanes lamentarían enormemente que, durante el curso de esta terrible guerra, cualquier obra de arte fuera destruida. Pero así como nuestro profundo amor por el arte no es superado por ninguna otra nación, en la misma medida debemos rechazar decididamente pagar el precio de la derrota de nuestros ejércitos por salvar una obra de arte.

No es verdad que nuestra guerra no respete la legalidad internacional. Nuestros soldados no cometen ni actos de indisciplina, ni crueldades. Sin embargo, al Este de nuestra patria la tierra está empapada con la sangre de mujeres y niños inmerecidamente sacrificados por el salvaje ejército ruso y en el Oeste las balas explosivas de nuestros adversarios atraviesan los pechos de nuestros soldados. Aquellos que se han aliado con rusos y serbios y han representado la desvergonzada escena ante el mundo de incitar a mongoles y negros contra la raza blanca, no tienen derecho a llamarse a sí mismos defensores de la civilización.

No es verdad que la guerra contra el llamado militarismo alemán no sea también una lucha contra nuestra población civil y nuestra cultura, como nuestros enemigos hipócritamente pretenden hacer creer. Si no fuera por nuestro militarismo la civilización alemana hace tiempo que habría sido aniquilada. Ha sido para protegerla por lo que ha surgido este militarismo, en una tierra que, a lo largo de los siglos, ha estado expuesta como ninguna otra a continuas invasiones. El pueblo alemán y su ejército no son sino uno, y este sentimiento une fraternalmente a 70.000.000 de alemanes sin distinción de cultura, clase o partido.

No podemos arrebatar esta envenenada arma -la mentira- de las manos de nuestros enemigos. Todo lo que podemos hacer es proclamar al mundo entero que nuestros enemigos están dando falso testimonio contra nosotros. A quienes nos conocen y han sido, como nosotros, guardianes de los bienes más preciados de la humanidad, les decimos:

¡Tengan fe en nosotros! Sepan que llegaremos hasta el final de esta lucha como nación civilizada, como pueblo para el que el legado de *Goethe*, *Beethoven* y *Kant* es tan sagrado como su propio corazón y su hogar.

Por esto comprometemos nuestros nombres y nuestro honor:

Adolf von Bayer, Profesor de Química, Premio Nobel de Química en 1905, Múnich.

Prof. Peter Behrenrs, Arquitecto, Berlín.

Emil Von Behring, Profesor de Medicina, Premio Nobel de Medicina o Fisiología en 1901, Marburgo.

Wilhelm Von Bode, Director General del Royal Museum, Berlín.

Alois Brandl, Profesor, Presidente de la Shakespeare Society, Berlín.

Luju Brentano, Profesor de Economía Nacional, Múnich.

Prof. Justus Brinkmann, Director de Museo, Hamburgo.

Johannes Conrad, Profesor de Economía Nacional, Halle.

Franz Von Defregger, Artista, Múnich.

Richard Dehmel, Escritor y Poeta, Hamburgo.

Adolf Deitzmann, Profesor de Teología, Berlín.

Prof. Wilhelm Doerpfeld, Arquitecto y Arqueólogo, Berlín.

Gustav Hellmann, Profesor de Meteorología, Berlín.

Wilhelm Herrmann, Profesor de Teología Protestante, Marburgo.

Andreas Heusler, Profesor de Filología, Berlín.

Adolf Von Hildebrand, Escultor, Múnich.

Ludwig Hoffmann, Arquitecto, Berlín.

Engelbert Humperdinck, Compositor, Berlín.

Leopold Graf Kalckreuth, Presidente de la Confederación Alemana de Artistas, Eddelsen.

Arthur Kampf, Pintor, Berlín.

Friedrich August von Kaulbach, Pintor, Múnich.

Theodor Kipp, Profesor de Jurisprudencia, Berlín.

Felix Klein, Profesor de Matemáticas, Gottingen.

Max Klinger, Pintor y Escultor, Leipzig.

Alois Knoepfler, Profesor de Historia del Arte, Múnich.

Anton Koch, Profesor de Teología Católica Romana, Munster.

Paul Laband, Profesor de Jurisprudencia, Estrasburgo.

Karl Lemprecht, Profesor de Historia, Leipzig.

Philipp Lenard, Profesor de Física, Premio Nobel de Física en 1905, Heidelberg.

Max Lenz, Profesor de Historia, Hamburgo.

Max Liebermann, Pintor e Impresor, Berlín.

Franz Von Listz, Profesor de Jurisprudencia, Berlín.

Ludwig Manzel, Presidente de la Academia de las Artes, Berlín.

Josef Mausbach, Profesor de Teología Católica Romana, Munster.

George Von Mayer, Profesor de Ciencias Políticas, Múnich.

Sebastian Merkle, Profesor de Teología Católica Romana, Wurzbug.

Eduard Meyer, Profesor de Historia, Berlín.

Heinrich Morf, Profesor de Filología Románica, Berlín.

Frederick Naumann, Político y Pastor Protestante, Berlín.

Albert Neisser, Profesor de Medicina, Breslau.

Walter Hermann Nernst, Profesor de Física, Premio Nobel de Química en 1920, Berlín.

Wilhelm Ostwald, Profesor de Química, Premio Nobel de Química en 1909, Leipzig.

Bruno Paul, Director de la Escuela de Artes Aplicadas, Berlín.

Max Planck, Profesor de Física, Premio Nobel de Física en 1918, Berlín.

Albert Plehn, Profesor de Medicina, Berlín.

George Reicke, Berlín.

Prof. Max Reinhardt, Director del Teatro Alemán, Berlín.

Alois Biehl, Profesor de Filosofía, Berlín.

Karl Robert, Profesor de Arqueología, Halle.

Wilhelm Roentgen, Profesor de Física, Premio Nobel de Física en 1901, Múnich.

Max Rubner, Profesor de Medicina, Berlín.

Fritz Schaper, Escultor, Berlín.

Adolf Von Schlatter, Profesor de Teología Protestante, Berlín.

Martin Spahn, Profesor de Historia, Estrasburgo.

Hermann Sudermann, Dramaturgo y Novelista, Berlín.

Hans Thoma, Pintor, Karlsruhe.

Wilhelm Truebner, Pintor, Karlsruhe.

Karl Vollmoeller, Dramaturgo y Guionista, Stuttgart.

Richard Votz, Dramaturgo y Novelista, Berchtesgaden.

Karl Votzler, Profesor de Filología Románica, Múnich.

Sigfried Wagner, Compositor, Hijo de Richard Wagner, Baireuth.

Wilhelm Waldeyer, Profesor de Anatomía, Berlín.

August Von Wassermann, Profesor de Medicina, Berlín.

Felix Von Weingartner, Compositor y Pianista.

Theodor Wiegand, Arqueólogo, Director de Museo, Berlín.

Wilhelm Wien, Profesor de Física, Premio Nobel de Física en 1911, Wurzsburg.

Ulrich Von Wilamotwitz-Moellen.Dorff, Profesor de Filología, Berlín.

Richard Wilstaetter, Profesor de Química, Premio Nobel de Química en 1915, Berlín.

Wilhelm Wundt, Profesor de Filosofía, Leipzig.

Wilhelm Windebland, Profesor de Filosofía, Heidelberg.

Frederich Von Duhn, Profesor de Arqueología, Heidelberg.

Profesor Paul Ehrlich, Médico, Premio Nobel de Medicina o Fisiología en 1908, Frankfurt del Meno.

Albert Ehrhard, Profesor de Teología Católica Romana, Estrasburgo.

Karl Engler, Profesor de Química, Karlsruhe.

Gerhard Esser, Profesor de Teología Católica Romana, Berlín.

Rudolph Eucken, Profesor de Filosofía, Nobel de Literatura en 1908, Jena.

Herbert Eulenberg, Poeta y Dramaturgo, Kaiserswerth.

Heinrich Finke, Profesor de Historia, Friburgo.

Emil Fischer, Profesor de Química, Premio Nobel de Química en 1902, Berlín.

Wilhelm Foerster, **Profesor de Astronomía, Berlín. También firmó el contramanifiesto.**

Ludwig Fulda, Dramaturgo, Berlín.

Eduard Von Gebhard, Pintor, Dusseldorf.

J. J. De Groot, Profesor de Etnografía, Berlín.

Fritz Haber, Profesor de Química, Premio Nobel de Química en 1918, Berlín.

Ernst Haeckel, Profesor de Zoología, Jena.

Max Halbe, Dramaturgo, Múnich.

Prof. Adolf von Harnack, Director General de la Biblioteca Nacional, Berlín.

Gerhardt Hauptmann, Dramaturgo, Premio Nobel de Literatura en 1912, Agnetendorf.

Karl Hauptmann, Dramaturgo, Schreibernau.

August Schmidlin, Teólogo.

Gustav von Schmoller, Economista.

Reinhold Seeberg, Teólogo.

Franz von Stuck, Pintor y Arquitecto.

Fuente:
Profesores de Alemania: *Al mundo civilizado*. Traducción de Héctor Romero Ramos de la edición inglesa publicada por The North American Review, vol. 210, n. 765, agosto de 1919, pp. 284-287). Revista Sociología Histórica 4/2014: 527-531.

Nota:
Obsérvese que entre los firmantes del Manifiesto aparecen catorce galardonados con el Premio Nobel en sus distintas disciplinas.

BIBLIOGRAFÍA

Libros y Artículos

Busch, Uwe: *El Museo Alemán Roentgen* (Deutsches Röntgen-Museum). Revista Argentina de Radiología, vol 75, nº 2, abril-junio 2011, 81-84.

Busch, Uwe: *Wilhelm Conrad Roenten. El descubrimkiento de los rayos X y la creación de una nueva profesión médica.* Revista Argentina de Radiología, 2016; 80 (4); 298-307.

Buzzi, A. E.: *La demostración pública de Röntgen.* Revista Argentina de Radiología, 2015;79 (3); 165-169.

Buzzi, A. E.: *Una visita a a la casa natal de Roentgen en 2010.* Revista Argentina de Radiología, 2015; 79 (2): 113-118.

Cannon, Abram H.: *Wilhelm Conrad Roentgen.* Quarterly Bulletin, N.U.M.S.

Calvo Pérez, Eloy: *Historias de la Radiología. De Roentgen a la Gran Guerra.* Amazon, 2017.

Crespo Villalba, Francisco José: *La difusión del descubrimiento de los rayos X en la prensa.* Revista Imagen Diagnóstica, 2016; 7 (2); 79-81.

Curie, Marie: *La Radiologie et La Guerre.* Librairie Félix Alcan, París, 1921.

Esguerra Gómez, Gonzalo: *Homenaje a Guillermo Conrado Roentgen*. Segundo Congreso Interamericano de Radiología. La Habana. Noviembre de 1946.

Fresquet, José L.: *Wilhelm Conrad Röntgen (1845-1923)*. Universidad de Valencia.

Gálvez Galán, Francisco: *La mano de Bertha. Otra historia de la Radiología*. Madrid: I.M.&C, 1995, 44-47.

García P., Daniela; García B. Cristián: *Anna Bertha Roentgen (1833-1919). La mujer detrás del hombre*. Revista Chilena de Radiología. Vol 11, n° 4, 2005, 179-181.

Glasser, Otto: *W. C. Roentgen and the discovery of the Roentgen rays*. American Journal of Roentgenology and Radium Theerapy, Vol. 25, 437-450, abril 1931.

Guzmán, Leonardo: *La vida de Wilhelm Röntgen y su influencia en el progreso de la medicina*. Ediciones Revista Atenea, Chile, 1965.

Jaramillo Madariaga, G.: *Roentgen y Becquerel*. Medellín, Colombia. Enero de 1946.

Martins, Wilson Denis: *Wilhelm Conrad Roentgen e a descoberta dos raios-X*. Rev. de Clín. Pesq. Odontol., v.1, n° 3, jan.mar. 2005.

Mörgeli, Cristoph: *Wilhelm Conrad Roentgen and Switzerland*. Swiss Journal of the History of Medicine and Sciences, 1995.

Morillo, Aníbal J.: *Una luz en la penumbra. Algunos apartes de la vida y obra de Wilhelm Conrad Röntgen*. Sociedad Colombiana de Historia de la Medicina.

Oleschko Arruda, Walter: *Wilhelm Conrad Röntgen. 100 anos da descoberta dos raios X.* Arq Neuropsiquiatr 1996; 54 (3): 525-531.

Profesores de Alemania: *Al mundo civilizado.* Traducción de Héctor Romero Ramos (Traducido del inglés de la edición publicada por The North American Review, vol. 210, n. 765, agosto de 1919, pp. 284-287). Revista Sociología Histórica 4/2014: 527-531.

Riesz, Peter B.: *The life of Wilhelm Conrad Roentgen.* American Journal of Roentgenology (AJR) 1995; 165:1533-1537.

Röntgen, W.C.- *Über Eine Neue Art Von Strahlen.* Würburg, enero1896.

Sociedad Europea de Radiología (ESR): *La Historia de la Radiología. Volumen 1.* Octubre, 2012.

Thomas, Adrian M. K.; Gotta, César; Buzzi, Alfredo E.; Suárez, María Victoria: *Radiología militar: los primeros 5 años (1895-1900).* Revista Argentina de Radiología, vol. 72, julio-septiembre, 2008, pp. 257-263.

Ulloa Guerrero, Luis Heber: *Röentgen y el descubrimiento de los rayos X.* Revista de la Facultad de Medicina. Universidad Nacional de Colombia. Vol 43, nº 3, 1995, 150-152.

Villanueva-Meyer, Marco: *Wilhelm Conrad Röntgen (1845-1923): Descubridor de los rayos X y ejemplo de rectitude moral y de humidad.* Galenus/Historia.

Páginas Web

www.ajronline.org (*American Journal of Roentgenology*)

https://archive.org (*Internet Archive*)

https://www.arrs.org (*American Roentgen Ray Society*)

https://www.biografiasyvidas.com (Enciclopedia Biográfica)

https://commons.wikimedia.org (Mediateca de archivos libres)

www.dpg-physik.de (*Deutsche Physikalische Gesellschaft*)

www.elsevier.es (Editorial Elsevier)

http://www.e-periodica.ch (Plataforma de *ETH-Bibliothek*)

www.flickr.com (Plataforma para compartir imágenes)

www.myESR.org (*Europena Society of Radiology*)

https://www.nobelprize.org (*Nobel Foundation*)

https://www.pinterest.es (Plataforma para compartir imágenes)

http://www.sar.org.ar/ (Sociedad Argentina de Radiología)

https://es.wikipedia.org (Enciclopedia libre)

http://wilhelmconradroentgen.de (*Röntgen-Gedächtnisstätte*)

FOTOGRAFÍAS

1. Röntgen y firma. Licencia CC BY-SA. Wikimedia Commons.

2. Röntgen poco antes de su muerte. Dominio Público.

3. Casa natal de Röntgen hacia 1920. Licencia CC BY-SA-4.0 Fuente: Elsevier-Revista Argentina de Radiología.

4. Casa natal de Röntgen en la actualidad. Licencia CC BY-SA-4.0 Fuente: Elsevier-Revista Argentina de Radiología.

5. Berlín. Revolución de marzo de 1848. Dominio Público. Fuente: Wikimedia Commons. Autor: Desconocido.

6. Vista actual de la casa de la familia Röntgen en Apeldoorn. Fuente: www.peo-radiation-technology.com

7. Röntgen con sus padres. Licencia CC BY-SA-4.0 Fuente: Elsevier-Revista Argentina de Radiología.

8. Casa de la familia Gunning en Utrech. Fuente: Gerd Rosenbusch y Annemarie de Knecht-Van Eekelen: Wilhelm Conrad Röntgen. -The Birth of Radiology.

9. Profesor Jan Willen Gunning. Dominio Público. Fuente: http://www.the-athenaeum.org/

10. Röntgen hacia 1864. Fuente: Deutsches Röntgen-Museum.

11. Fachada principal de la Universidad de Utrecht. Dominio Público.

12. Escuela Politécnica de Zúrich (fotografía tomada por Röntgen). Dominio Público. Fuente: Elsevier-Revista Argentina de Radiología.

13. Zúrich en una postal de principios del siglo XX. Dominio Público.

14. Anna Bertha Ludwig (Röntgen). Dominio Público. Fuente: http://www.hgrecksch.de/

15. August Kundt. Licencia CC BY-SA-4.0 Fuente: Elsevier-Revista Argentina de Radiología.

16. Rudolf Julius Emmanuel Clausius. Dominio Público. Wikipedia Commons.

17. Fachada principal de la Universidad de Würzburg. Licencia CC BY-SA 3.0 Fuente: Wikimedia Commons. Autor: Robert Emmerich.

18. Anna Bertha Ludwig y Wilhelm Conrad Röntgen hacia 1872. Licencia CC BY-SA-4.0 Fuente: Elsevier-Revista Argentina de Radiología.

19. Universidad de Estrasburgo. Dominio Público. Fuente: http://learningradiology.com/

20. Vista panorámica de la ciudad de Estrasburgo. Dominio Público.

21. Frank-Serafín Exner en 1915. Dominio Público. Wikipedia Commons.

22. Hotel Weisses Kreuz (Cruz Blanca) en Pontresina. Licencia CC BY-SA 4.0 Wikipedia Commons.

23. Pontresina 1904. Fuente: Deutsches Röntgen Museum, Remscheid-Lennep, Germany.

24. Justus Freiherr von Liebig. Dominio Público. Fuente: Wikimedia Commons.

25. Zehnder y Röntgen con sus esposas. Fuente: Deutsches Röntgen Museum, Remscheid-Lennep, Germany.

26. Edificio principal de la Universidad de Giessen. Fuente: https://www.uni-giessen.de

27. Lorentz, Maxwell, Planck y Einstein. Dominio Público. Fuentes: Varias.

28. Fotografía de Würzburg tomada por Röntgen. Fuente: Röntgen-Kuratorium Würzburg e.V.

29. Friedrich W. G. Kohlrausch. Dominio Público. Fuente: Wikimedia Commons. Autor: Otto Patzig.

30. Instituto de Física de la Universidad de Würzburg (1892). Fuente: Gerd Rosenbusch y Annemarie de Knecht-van Eekelen (Wilhelm Conrad Röntgen: The Birth of Radiology).

31. Laboratorio de Röntgen en el Instituto de Física de Würzburg. Licencia CC BY-SA-4.0 Fuente: Elsevier- Revista Argentina de Radiología.

32. Josephine Bertha Röntgen. Dominio Público. Fuente: Google Arts and Culture.

33. La familia Röntgen con unos amigos en Pontresina (1894). Fuente: Deutsches Röntgen-Museum, Remscheid-Lennep, Germany.

34. Heinrich Hertz. Fuente: Wikimedia Commons. Dominio Público. Autor: Robert Krewaldt.
Hermann von Helmholtz. Dominio Público. Fuente: Wikimedia Commons. Autor: Desconocido.

35. Rudolph Albert von Kölliker. Dominio Público. Fuente: Wikimedia Commons (The History of Biology de Erik Nordenskiöld).

36. Athanasius Kircher (1602-1680). Dominio Público. Pintura de Cornelius Bloemaert. Germanisches Nationalmuseum. Fuente: Wikimedia Commons.

37. A. Heinrich Ruhmkorff; B. Johann Hittorf; C. William Crookes; D. Philipp Lenard. Dominio Público. Fuente: Wikimedia Commons.

38. Bobina de Ruhmkorff y Réplica de un tubo de Lenard. Dominio Público.
Fuentes:https://institutosanisidoro.com/
http://momentosestelaresdelaciencia.blogspot.com/

39. Puerta del laboratorio de Röntgen. Fuente: Licencia CC BY-SA-4.0 Elsevier- Revista Argentina de Radiología.

40. Mano de Anna Bertha Röntgen. Dominio Público. Fuente: Wikimedia Commons.

41. "En 1895 Röntgen descubrió en esta casa las radiaciones que llevan su nombre". Röntgen laboratory, Julius-Maximilians-Universität Würzburg, Germany. Dominio Público. Fuente: Wikimedia Commons.

42. Sobre un nuevo tipo de Rayos. Fuente: https://www.medicusbooks.com/

43. Profesor Ernst Lecher (1919). Dominio Público. Fuente: Wikimedia Commons. Autor: Desconocido.

44. Extracto del Die Press del 5 de enero de 1896. Fuente: Röntgen-Kuratorium Würzburg e.V.

45. Caricatura de Röntgen publicada en un diario alemán. Fuente: ESR. La Historia de la Radiología, volumen 1.

46. W. C. Röntgen en 1895. Fuente: Deutsches Röntgen-Museum, Remscheid-Lennep, Germany.

47. Röntgen durante su primera demostración pública. Cuadro de Alan Thom. Licencia CC BY-SA-4.0 Fuente: Elsevier- Revista Argentina de Radiología.

48. Publicidad de un modelo de gafas con "efecto de rayos X". Fuente: https://flickr.com/ Dominio Público.

49. A: Tomas Alva Edison; B: Experimentando con un Fluoroscopio. Dominio Público. Fuentes: Wikipedia Commons y https://www.pinterest.es/

50. Uso militar de los Rayos X. Licencia CC BY-SA-4.0 Fuente: Elsevier- Revista Argentina de Radiología.

51. Medalla Rumford de la Royal Society. Dominio Público. Fuente: Wikimedia Commons.

52. Louis Pasteur en 1880. Dominio Público. Fuente: Wikimedia Commons. Autor: Paul Nadar.

53. Henri Becquerel en 1903. Dominio Público. Fuente: Wikimedia Commons. (Fundación Nobel).

54. Pierre y Marie Curie en 1903. Dominio Público. Fuente: Wikimedia Commons.

55. Escalinata principal de la Ludwig-Maximilians-Universität München. Licencia CC BY-SA 3.0 Fuente: Wikimedia Commons.

56. Eugen von Lommel. Dominio Público. Fuente: Wikipedia Commons.

57. Ciudades importantes en la vida de Röntgen. Fuente: American Roengen Ray Society.

58. Ludvig Immanuel Nobel. Dominio Público. Fuente: Wikipedia Commons.

59. Retrato de Alfred Nobel. Dominio Público. Autor: Gösta Florman. Fuente: Wikimedia Commons.

60. Svante August Arrhenius. Dominio Público. Fuente: Wikimedia Commons.

61. Ilustración representando la entrega del Nobel a W. C. Röntgen. Licencia CC BY-SA-4.0 Fuente: Elsevier-Revista Argentina de Radiología

62. Diploma del Premio Nobel de Física concedido a W. C. Röntgen. Licencia CC BY-SA-4.0 Fuente: Elsevier-Revista Argentina de Radiología.

63. Wilhelm Conrad Röntgen en 1901. Dominio Público. Fuentes: http://www.radiologyarchives.com/ y Wikipedia Commons.

64. Wilhelm Conrad Röntgen y Philipp Lenard Premios Nobel de Física en 1901 y 1905. Domiio Público. Fuente: https://www.researchgate.net/

65. Abram Fiódorovich Ioffe. Dominio Público. Fuente: Wikimedia Commons. Autor: Desconocido.

66. Clarence Madison Dally. Dominio Público. Fuente: https://www.taringa.net/

67. Max von Laue. Dominio Público. Fuente: Wikimedia Commons (Fundación Nobel).

68. Portada de The Evening World (Nueva York 01/08/1914). Fuente: https://www.lhistoria.com/ Dominio Público.

69. Wilhelm Julius Foerster. Dominio Público. Fuente: Wikimedia Commons. Autor: Desconocido.

70. Soldados del Ejército Alemán repartiendo comida a niños. Fuente: https://www.xlsemanal.com/ Dominio Público.

71. Theodor Heinrich Boveri. Dominio Público. Fuente: Wikimedia Commons. Autor: Desconocido.

72. Marcella O´Grady. Dominio Público. Fuente: Wikimedia Commons. Autor: Desconocido.

73. Lise Meitner. Dominio Público. Fuente: https://mujeresconciencia.com/

74. Marie Curie junto a su hija Irène. Dominio Público. Fuente: https://www.biografiasyvidas.com/

75. Marie Curie al volante de una de las "Petites Curies". Dominio Público. Fuente: Wikimedia Commons. Autor: Desconocido.

76. La casa de vacaciones de Röntgen en Weilheim. Fuente: Röntgen-Kuratorium Würzburg e.V

77. Firma del Tratado de Versalles. Dominio Público. Cuadro del pintor William Orpen. Fuente: Wikipedia Commons.

78. Billete de cien mil millones de marcos emitido el 23/10/1923. Fuente: https://acorazadobismarck.es/

79. Placa en la casa natal de Röntgen (27/03/1920). Licencia CC BY-SA-4.0 Fuente: Elsevier-Revista Argentina de Radiología.

80. Ernst Ferdinand Sauerbruch. Licencia CC BY-SA 3.0 Fuente: Wikimedia Commons. German Federal Archives.

81. Margret Boveri. Fuente: https://www.literaturport.de/

82. Arthur Compton en 1927. Dominio Público. Fuente: Wikipedia Commons. Autor desconocido.

83. Interacción Compton. Dominio Público. Fuente: https://www.researchgate.net

84. Cementerio del Barrio Este de Múnich. Licencia CC BY-SA 3.0 Fuente: Wikipedia Commons.

85. Tumba de la familia Röntgen en Giessen. Dominio Público. Fuente: https://www.tripadvisor.es/

86. Lápida de la tumba de Röntgen. Dominio Público. Fuente: https://es.findagrave.com/

87. "El Genio de la Luz", escultura de Arno Breker en honor a Röntgen. Licencia CC BY-NC-ND 4.0 Fuente: Elsevier-Revista Argentina de Radiología.

88. Museo Röntgen en Lennep, ciudad natal del físico alemán. Dominio Público. Fuente: Wikimedia Commons.

89. Memorial Röntgen en Würzburg. Licencia CC BY-SA 4.0 Fuente: http://wilhelmconradroentgen.de/

90. Tubos de vacío y bobina de Ruhmkorff en el Memorial Röntgen de Würzburg. Licencia CC BY-SA 4.0 Fuente: http://wilhelmconradroentgen.de/

www.ingramcontent.com/pod-product-compliance
Lightning Source LLC
Chambersburg PA
CBHW071356210526
45465CB00001B/122